高等职业教育"十四五"系列教材

高等职业教育土建类专业"互联网+"数字化创新教材

智能建造导论

沙　玲　魏春石　主　编

叶　雯　任玲华　副主编

金　睿　主　审

中国建筑工业出版社

图书在版编目（CIP）数据

智能建造导论 / 沙玲，魏春石主编；叶雯，任玲华
副主编. — 北京：中国建筑工业出版社，2023.2
高等职业教育"十四五"系列教材　高等职业教育土
建类专业"互联网＋"数字化创新教材
ISBN 978-7-112-28222-7

Ⅰ．①智… Ⅱ．①沙…②魏…③叶…④任… Ⅲ.
①智能技术-应用-建筑工程-高等职业教育-教材
Ⅳ．①TU-39

中国版本图书馆 CIP 数据核字（2022）第 231724 号

本教材包括三个模块。模块一 认知行业包括 3 个学习单元，分别为认知建筑、认知建造、认知智能建造；模块二 认知岗位包括 4 个学习单元，分别为智能建造背景下施工员岗位群、智能建造背景下的新技术融合、智能建造背景下的施工机械和设备、智能建造背景下的智慧工地管理；模块三 认知专业包括 3 个学习单元，分别为智能建造背景下的工程伦理、智能建造工程和智能建造技术专业的人才培养和课程设置建议、智能建造技术专业群的人才培养和课程设置建议。

本教材适合智能建造技术、装配式建筑工程技术、建筑智能化工程技术、建设工程管理等专业使用。

为方便教师授课，本教材作者自制免费课件，索取方式为：1. 邮箱 jckj@cabp. com. cn；2. 电话（010）58337285；3. 建工书院 http：//edu. cabplink. com；4. QQ 群 472187676。

责任编辑：李天虹　李　阳
责任校对：姜小莲

高等职业教育"十四五"系列教材
高等职业教育土建类专业"互联网＋"数字化创新教材
智能建造导论
沙　玲　魏春石　主　编
叶　雯　任玲华　副主编
金　睿　主　审

*

中国建筑工业出版社出版、发行(北京海淀三里河路 9 号)
各地新华书店、建筑书店经销
北京鸿文瀚海文化传媒有限公司制版
北京云浩印刷有限责任公司印刷

*

开本：787 毫米×1092 毫米　1/16　印张：13¼　字数：330 千字
2023 年 2 月第一版　2023 年 2 月第一次印刷
定价：**42.00** 元（赠教师课件）
ISBN 978-7-112-28222-7
（40676）

前　言

　　融合 BIM、物联网、人工智能、云计算、大数据等技术的智能建造，不是一个面向单一生产环节的技术，而是一个高度集成的系统，融合了设计、生产、物流和施工、运维等关键环节，涉及建筑产业链的完全变革，是未来建筑业发展的必由之路。基于土木工程，跨界了机械工程、自动控制工程、计算机技术与科学等学科，体现出跨界性、综合性、实践性、复合性。对于高等职业教育人才培养来说，土建大类的相关专业均面临着专业数字化、智能化的升级。

　　本教材依据已公布的专业简介中专业培养目标定位、专业主要能力要求、专业主要课程以及国家、行业政策、文件要求编写。教材内容易懂、全面、新颖，具有系统性、知识性、实用性和可读性，采用普适性语言，主要介绍新技术带来的行业技术变革和岗位职业变化。满足智能建造技术、装配式建筑工程技术、建筑智能化工程技术、建设工程管理等专业学生使用，也是企业专业人员业务学习的参考书。

　　教材重视职业素养的培养，精心设计和凝练工匠精神、美学欣赏、感恩教育、环境保护、自然科学等思政点，培养遵守职业道德准则和行为规范的意识和能力；培养对新技术、新工艺、新材料等的职业敏感性，技术的进步要求学生具有终身学习、创造性思维的能力；专业需要的复合型人才要求培养学生多角度观察、多角度学习、多角色工作的能力等，跨界能力决定了学生的成长。

　　教材定位于教学的"导"，服务于职业的"用"，给学生讲好"专业第一课"。基于建设行业快速发展的智能建造背景，精心设计教材的二个模块，认知行业→认知岗位→认知专业，在行业变革的"面"上，沿着岗位变化的主线，聚焦到学生培养的"点"上。螺旋递进，循序渐进，引导学生及时调整定位、转换角色，知道自己要"干什么、学什么、怎么学"，成为学生爱上这个行业、走进这个职业的助推器。

　　教材中没有涉及更多的理论，语言上力求通俗易懂，由浅入深。每一个模块和学习单元以"导"入手，注重学生自主学习，设置学习背景、问题导入，通过"自学-解疑-精讲-训练"的教学过程，教服务于学，学服务于训；精讲内容通过微课和视频、动画以二维码形式呈现，训练内容通过每一学习单元"综合考核"中精心设计的各类专题、论题、议题、话题或课题等，团队合作完成查阅文献、走访调研、头脑风暴、沟通表达等内容。最终使学生通过"学会"达到"会学"。

　　教材的编写，由三家智能建造技术国家级教师教学创新团队协作和国内知名企业品茗科技股份有限公司携手完成。本教材由浙江建设职业技术学院沙玲、魏春石任主编，广州番禺职业技术学院叶雯、浙江建设职业技术学院任玲华任副主编。模块一学习单元1由浙江建设职业技术学院周培娇编写；学习单元2由浙江建设职业技术学院程志高、胡梦妮编写；学习单元3由浙江建设职业技术学院魏春石、褚晶磊、李修强编写，魏春石和任玲华统稿。模块二学习单元4、学习单元5、学习单元6由广州番禺职业技术学院叶雯、潘广斌、杨清源编写；学习单元 7 由浙江建设职业技术学院沙玲和任玲华编写，品茗科技股份公司的李泉和陈哲负责企业相关资料的整理工作。模块三学习单元 8 由广州番禺职业技术学院梁环跃编写；学习单元 9 由浙江建设职业技术学院沙玲、广州番禺职业技术学院叶雯编写；学习单元 10 由湖北城市建设职业技术学院胡永骁编写。全书由浙江建设职业技术学院沙玲、任玲华统稿和校对。

教材由浙江省建工集团有限责任公司正高级工程师、博士研究生、茅以升科学技术奖（建造师奖）、"十一五"全国建筑业科技进步与技术创新先进个人、"十二五"全国建筑业企业优秀总工程师金睿担任主审，他对本教材作了认真细致的审阅，并提出了不少建设性意见。在此，编者表示衷心感谢。

教材还要特别感谢品茗科技股份公司、杭州丁卯智能科技有限公司、中建三局和相关科技公司提供的相关素材。

由于编者水平有限，书中难免会有不足之处，恳请读者批评指正。

目 录

模块一 认知行业

模块二 认知岗位

模块三　认知专业

认知行业

模块一

Chapter 01

学习单元**1**

认知建筑

学习背景

　　和文学、戏剧、音乐等相比，建筑是最亲民的艺术形式之一。人们时时刻刻在建筑中穿梭，或许是因为我们离建筑太近，往往会熟视无睹。而特色建筑，仅仅沦为了普罗大众的打卡点。建筑涵盖的内容博大精深，从映入眼帘的形状到细究后的一砖一瓦，那些屹立于中华大地上古老的宫殿、园林、庙宇等，无不传递着民族的自信、文化的自信，也让我们能够在继承了远古的基石上不断创新。作为土木建筑大类专业的学生，需要了解建筑的内涵，熟悉建筑的历史，提升自身对建筑美学的鉴赏能力，并在此基础上，掌握建筑材料、构造组成和集成化的装饰装修，为后期深入学习奠定基础。本节站在新生初探专业的视角，主要介绍与建筑相关的基本知识。

任务导入

　　大文豪约翰·沃尔夫冈·冯·歌德说"建筑是凝固的音乐"，这是一句无数哲人极力推崇的名言，后来德国音乐家豪普德曼又补充道"音乐是流动的建筑"。意思是说，如果使音乐的时间流动全都凝固下来，我们从音乐中或从乐谱中便可以看到诸如严格数学化的比例、对称、均衡等造型特点以及乐曲形式同建筑结构的联系。你怎么看待对于"建筑"这么美的描述呢？

1.1　什么是建筑

【知识引入】建筑是人们用泥土、砖、瓦、石材、木材，近代用钢筋混凝土、钢材等建筑材料构成的一种供人居住和使用的空间，如住宅、桥梁、厂房、体育馆、窑洞、水塔、寺庙等。广义上来讲，景观、园林也是建筑的一部分。古罗马建筑家维特鲁威所著现存最早的建筑理论书《建筑十书》，提出了建筑的三个标准，即坚固、实用、美观，一直影响着后世建筑学的发展。

【知识内容】一座建筑，是一些特定的人，在一个特定的时间和空间，运用一些特定的技术和材料，出于一些特定的目的，并且在一个特定的社会政治经济背景中建造出来的。建筑具有艺术性、社会性和历史性。

1.1.1　建筑的艺术性

以世界十大建筑流派为例，世界建筑在平面布局、形态构成、艺术处理和手法运用等方面所显示的独创意境，将建筑的美展现得淋漓尽致。

巴洛克建筑是 17 至 18 世纪在意大利文艺复兴建筑基础上发展起来的一种建筑装饰风格。在建筑设计上追求动感、外形自由，常穿插曲面、椭圆形空间，在装饰和雕刻上喜好富丽堂皇，罗马耶稣会教堂被称为第一座巴洛克建筑，如图 1-1 所示。

图 1-1　罗马耶稣会教堂

法国古典主义建筑是 17 到 18 世纪初的路易十三和路易十四专制王权极盛时期兴起的建筑风格，古典主义建筑常应用古典柱，规模巨大、造型雄伟，装饰丰富多彩，多用于宫廷建筑和纪念广场建筑群。其代表建筑有凡尔赛宫等，如图 1-2 所示。

图 1-2　凡尔赛宫

哥特式建筑为 11 世纪下半叶起源于法国的一种建筑风格，尖肋拱顶、飞扶壁、修长的束柱，整个建筑直升线条、雄伟的外观和内部空阔空间，常结合镶着彩色玻璃的长窗，以卓越的建筑技艺表现了神秘、哀婉、崇高的强烈情感。代表建筑有巴黎圣母院等，如图 1-3 所示。

图 1-3　巴黎圣母院

古典主义建筑是 18 世纪 60 年代到 19 世纪在欧美国家流行，在古希腊建筑和古罗马建筑的基础上发展起来的古典主义建筑，采用古典柱式。一般应用于国会、法院等公共建筑和一些纪念性建筑。代表建筑有凯旋门等，如图 1-4 所示。

图 1-4 凯旋门

　　古罗马建筑在公元 1 至 3 世纪达到西方古代建筑的高峰，主要采用高耸的拱券结构来获得宽阔的内部空间，其中拱券结构采用了火山灰混凝土，强度高、价格便宜、施工方便、推广好。代表建筑有罗马剧场等，如图 1-5 所示。

图 1-5 罗马剧场

　　浪漫主义建筑是 18 世纪下半叶到 19 世纪下半叶流行于欧美的建筑风格，强调个性，提倡自然。英国是浪漫主义的起源地，代表建筑有英国议会大厦等，如图 1-6 所示。
　　文艺复兴建筑是欧洲建筑史上继哥特式建筑之后出现的一种建筑风格。15 世纪产生于意大利，后传播到欧洲其他地区，形成带有各国特点的文艺复兴建筑。意大利文艺复兴建筑在文艺复兴建筑中占有最重要的位置。佛罗伦萨大教堂标志着文艺复兴建筑的开端，如图 1-7 所示。

图 1-6　英国议会大厦

图 1-7　佛罗伦萨大教堂

现代主义建筑在 20 世纪中叶西方建筑中占据主导地位，建筑师大胆地创造适应于工业化社会的崭新建筑，具有鲜明的理性主义和激进主义的色彩，如图 1-8 所示。

图 1-8　现代主义建筑

　　后现代主义建筑在第二次世界大战结束后，成为世界许多地区占主导地位的建筑潮流。美国建筑师斯特恩认为后现代主义建筑有三个特征：采用装饰、具有象征性或隐喻性、与现有环境融合。比较典型的有美国波特兰市政大楼等，如图 1-9 所示。

图 1-9　美国波特兰市政大楼

　　折中主义建筑是 19 世纪上半叶至 20 世纪初流行于欧美的一种建筑风格，建筑师追求比例均衡和形式美，可模仿或组合各种建筑风格。随着社会的发展，需要有丰富多样的建筑来满足各种不同的要求。代表建筑有巴黎歌剧院，如图 1-10 所示。

图 1-10　巴黎歌剧院

历史背景、宗教文化影响着世界建筑风格的演变，不同派别展现了不同的建筑之美。

1.1.2 建筑的社会性

有人说建筑是艺术和技术的完美结合。事实证明，建筑仅仅依靠艺术、技术似乎仍有不足。如住宅，我们在设计前要调研业主的诉求、气象水文资料、城市区域规划、配套设施要求、容积率、建筑密度、车位配比以及造价控制等。这些涉及社会现实、社会结构的内容，无疑是社会学范畴的内容。建筑的社会属性体现着建筑需要满足人们对其功能和经济的要求。

业主的诉求往往会影响建筑的形态布局和设计，如户型需求、建筑风格、产品的层次等。建筑师往往在设计时需考虑业主的价值取向，而这些价值取向取决于业主的文化背景、心理习惯（风水学）、社会习惯等因素。只要不违反政府部门的法规条例，业主有权提出自己的诉求，因此建筑师在设计住宅时，要平衡政府管控和业主诉求，将自己的设计理念和风格融入，避免成为机械的绘图工具。

气象水文资料会影响建筑设计。我国地域辽阔，以秦岭、淮河一线为分界，文化、环境差异巨大，因此也形成了风格迥异的建筑。

以我国屋顶设计为例，北方地区冬冷夏热、昼夜温差大、降水量少、风沙大，因此北方的建筑屋顶多为平顶或缓坡坡顶，减少了建筑与空气的接触，在寒冷的冬季起到保温作用；北方降水少、风大，平屋顶（或缓坡坡顶）的设计，有利于减少风荷载对建筑施加的压力，同时也节省了建筑材料，如图 1-11 所示。

图 1-11 北方的屋顶

我国南方地区夏季高温多雨，冬季寒冷多雨。南方屋顶大多数是坡屋顶，坡屋顶有利于雨水排出，防水性能明显高于平屋顶；同时，坡屋顶的构造有利于空气流通，能够降低室内温度，减少高温对顶层的影响。坡屋面造型美观，可以与各种类型建筑搭配，更符合人们对于房屋的审美习惯，如图1-12所示。

图 1-12　南方的屋顶

1.1.3　建筑的历史性

以中国六大建筑派别为例，研究建筑还要重视历史，建筑作为一种独特的文化，不仅提供给我们活动的空间，更让我们了解人类文明的演变过程。生活在华夏大地的人们，因为区域、生活习惯不同，形成了徽、闽、京、苏、晋、川六大建筑派别，如表1-1和图1-13（a）～（f）所示。

中国六大建筑派别　　　　　　　　　　　　　　表1-1

流派	分布区域	特点	代表
徽派	最具代表性的为安徽一带的徽派	青瓦，错落有致的白色马头墙，高墙深院，砖雕门楼	西递、宏村
闽派	闽南地区	单体建筑规模宏大，形态各异，依山傍水，错落有致	福建土楼
京派	北京	按南北轴线对称布置房屋和院落，坐北朝南	四合院
苏派	江浙一带	园林式布局，以南向为主，屋角脊角高翘，粉墙黛瓦	苏州园林
晋派	山西、陕西、甘肃、宁夏及青海部分地区，山西最成熟	窑洞外观为圆拱形，晋商大院斗拱飞檐，砖瓦磨合，城楼细做	乔家大院、窑洞
川派	四川、云南、贵州等	以木桩或石为支撑，上架以楼板，窗子多向江	湘西吊脚楼

(a)

(b)

(c)

图 1-13　六大建筑派别（一）

（a）徽派；（b）闽派；（c）京派

(d)

(e)

(f)

图 1-13　六大建筑派别（二）
（d）苏派；（e）晋派；（f）川派

中国幅员辽阔，历史悠久，在几千年的历史文化进程中，积累了丰富的居住建筑经验。由于不同地区的自然环境和文化条件不同，居住建筑也呈现出多样化的特点，如图 1-14 所示。

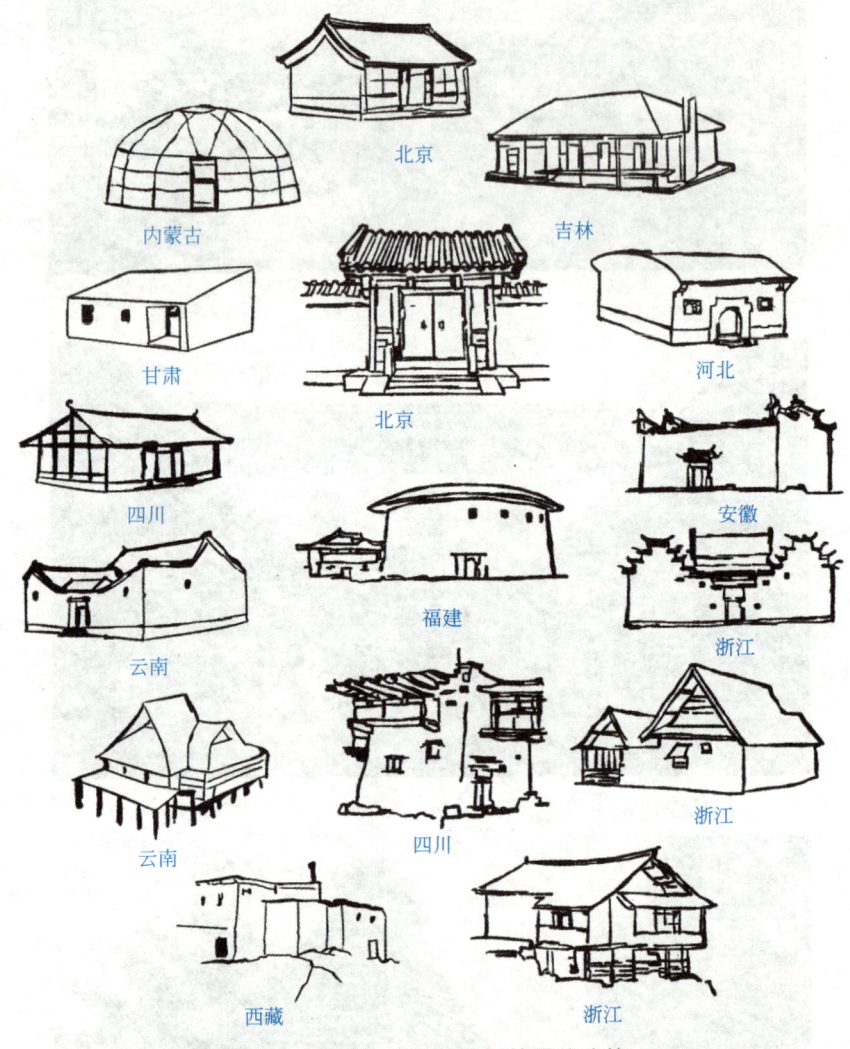

图 1-14 各民族和各地区的居住建筑

综合考核

建筑八字方针"适用、经济、绿色、美观"，建筑的空间形式首选必须满足功能要求，德国建筑师格罗皮乌斯说"建筑，意味着把握空间"。有的建筑需把握内部空间，应生产、生活需求，满足一定的功能需要，符合社会经济水平要求。2022 年浙江省乡村振兴大赛钱塘专项赛——《草莓主题乐园提升改造工程》项目，需要建设以草莓为主题的小游园，提升"新江草莓"的影响力，助力乡村振兴。

图 1-15 是某建筑高校团队设计的新江莓园游园平面分布，坐落在西北角的莓园书屋平面图初稿如图 1-16 所示，请结合本节内容，从建筑空间与人的关系入手，给出莓园书

屋平面布置图的改进建议。本次训练旨在让同学们从使用功能、人体工学角度，了解建筑设计的基本方法，掌握向他人表达自己想法的基本技能，培养美学欣赏能力。

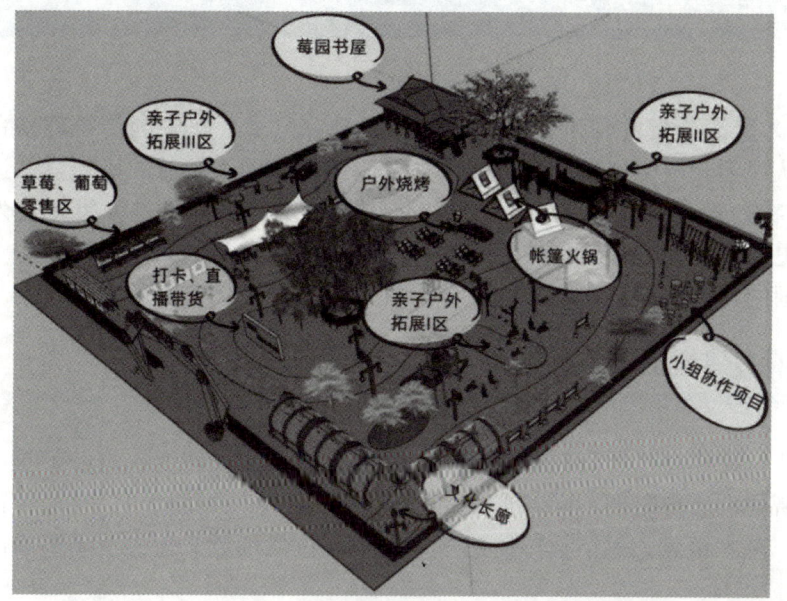

新江莓园
创意设计

图 1-15　新江莓园游园平面分布

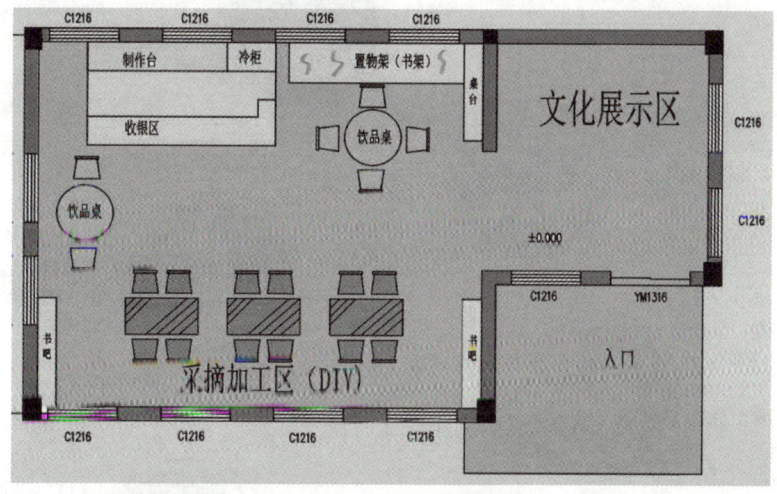

图 1-16　莓园书屋平面图

1.2 中国建筑沿革

【知识引入】沿革指发展和变化的过程。请观看纪录片《中国传统建筑的智慧》——庭院之制，从视频介绍中列举出一个你认为最能体现中国人智慧的例子，并进行分享。

【知识内容】建筑，无疑是人类文明和文化的最早记忆，也是人类社会发展和进步的标志。当历史退向时间帷幕的深处时，唯有建筑在那巨大的空间里闪烁着人类智慧最耀眼的光芒。中国的建筑根据其发展历程可分为古代建筑、近代建筑和现代建筑。

1.2.1 中国古建筑沿革

中国古建筑按照其发展历程分为开成、发展、成熟、大转变、继续发展、高峰时期六阶段，依据所处的历史时期不同，形成的建筑各具特色，如图 1-17 所示。这一系列现存的技术高超、艺术精湛、风格独特的建筑，是我国古代灿烂文化的重要组成部分。

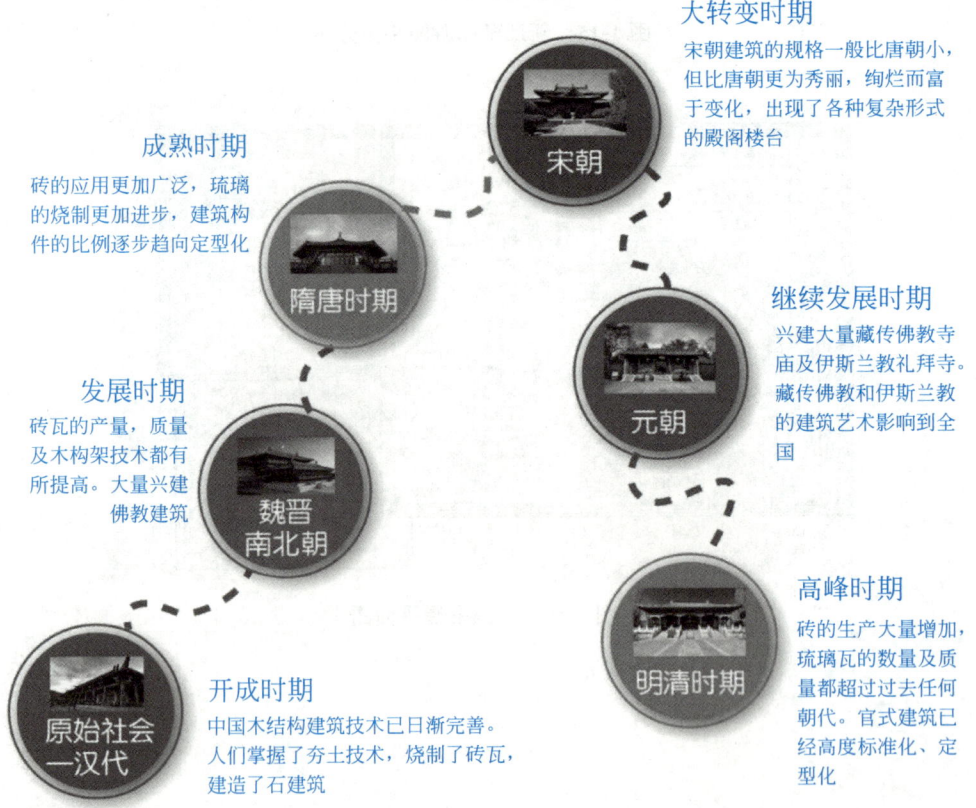

图 1-17　中国古代建筑发展

从古建筑布局的角度来说，其特点主要可以概括为木构架结构、庭院式组群布局、平面布局。

1. 木构架结构

曾经有一句谚语"墙倒屋不塌"，讲的是我国古建筑中的木构架结构，采用木柱、木梁构成房屋的框架，屋顶与房檐的重量通过梁架传递到立柱上，墙壁只起隔断的作用，而不是承担房屋重量的结构部分，因此，门窗设置有极大的灵活性，如图1-18所示。

图 1-18　木构架结构

2. 庭院式组群布局

古人曾说"一入侯门深似海"，这其实因为中国封建社会长期遵循着"长幼有序，内外有别"，每一处宫殿、寺庙、官宅等，都是由若干单独建筑和围墙围绕成一个个庭院，这些庭院串联起来，通过前院到达后院，使尊卑、长幼、男女、主仆之间在住房上也体现出明显的差别。这种庭院式的组群布局所造成的艺术效果，由庭院的这一头到那一头，一院一景，给人以深切的感受，如图1-19所示。

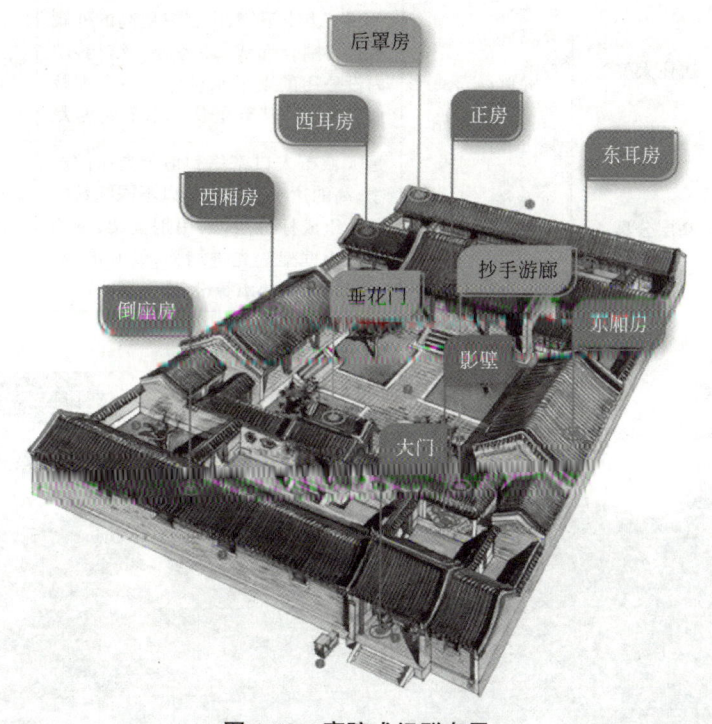

图 1-19　庭院式组群布局

3. 平面布局

在中国古代建筑中，基本上有两种平面布局的方式。一是庄严雄伟，整齐对称，如庭院式组群布局。二是曲折变化，灵活多样。不求整齐划一，不用左右对称，因地制宜，相宜布置，如一个村落。

1.2.2　近代建筑沿革

中国近代建筑从1840年鸦片战争开始到新中国成立结束,这个时期建筑出现中西交汇、新旧接替的特点。由于受外国建筑的冲击,这个阶段的建筑急剧发展。

1. 居住建筑

近代中国的农村、集镇、中小城市和大城市的旧城区,仍然采取传统的住宅形式,见表1-2。新的居住建筑类型主要集中在大城市,这种新的住宅有独户型、联户型和多户型等基本形态,如图1-20～图1-25所示。

近代居住建筑　　　　　　　　　　　　　　　　　　　　　表1-2

居住建筑类型		出现时期	特点	代表
独立型住宅		1900年前后	建筑形式和技术设备大多采取西方做法,而平面布置、装修、庭园绿化等方面则保存着中国传统特色	张謇在南通建造的"濠南别业"
联户型、多户型	里弄住宅	19世纪50～60年代开始	里弄住宅布局紧凑,用地节约,空间利用充分	石库门里弄、新式里弄、花园里弄和公寓式里弄
	居住大院		"大院"大小不等,由二三层高的外廊式楼房围合而成,多为砖木结构,院内设公用的上下水设施。一个大院居住十几户甚至几十户,建筑密度大	哈尔滨居住大院
	高层公寓		是大城市人口密集和地价高昂的产物,高的达十层以上。以不同间数的单元组成标准层,采用钢框架、钢筋混凝土框架等先进结构,设有电梯、暖气、煤气、热水等设备	上海大厦

图1-20　濠南别业

图 1-21　石库门里弄

图 1-22　新式里弄

图 1-23　花园里弄

图 1-24　哈尔滨居住大院

图 1-25　上海百老汇大厦（上海大厦）

2. 工业建筑

到 20 世纪 30 年代，中国已经有了各种近代工业建筑，根据所采用的建筑材料，可分为木构架厂房、砖木混合结构厂房、钢结构和钢筋混凝土结构厂房。中国手工业作坊一向采用木构架结构，近代工业兴起后期，大中型工厂建设中旧式木构架厂房逐渐被淘汰，如图 1-26 所示。

3. 公共建筑

近代各种类型的公共建筑，在 19 世纪下半叶陆续在中国出现，到 20 世纪 30 年代，其类型已相当齐全了。主要有行政、会堂、金融建筑、交通建筑、文化教育、商业服务建筑等，如表 1-3 和图 1-27～图 1-31 所示。

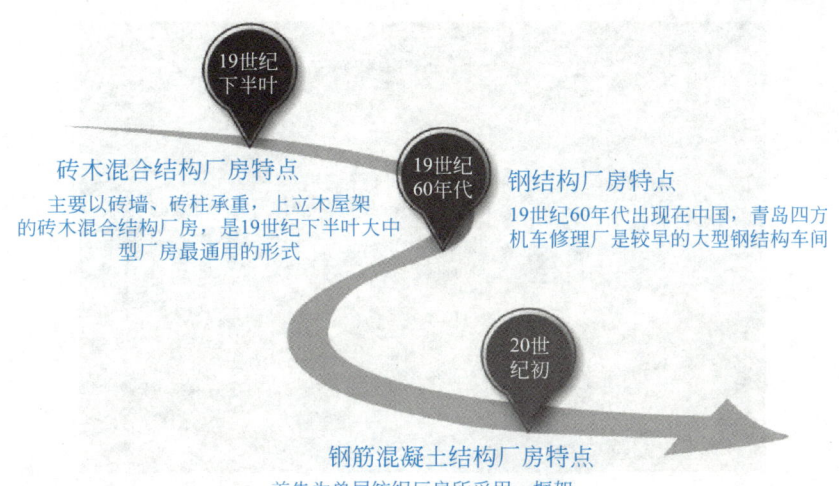

19世纪下半叶

砖木混合结构厂房特点
主要以砖墙、砖柱承重,上立木屋架的砖木混合结构厂房,是19世纪下半叶大中型厂房最通用的形式

19世纪60年代

钢结构厂房特点
19世纪60年代出现在中国,青岛四方机车修理厂是较早的大型钢结构车间

20世纪初

钢筋混凝土结构厂房特点
首先为单层纺织厂房所采用,框架、门架、半门架和各种拱架的钢筋混凝土结构在大跨的单层厂房中普遍应用

图 1-26 工业建筑演变

近代公共建筑 表 1-3

公共建筑种类	行政会堂	金融建筑	交通建筑	文化教育	商业服务	
					旧式	新式
建筑代表	南京人民大会堂、广州中山纪念堂、上海人民大厦	上海汇丰银行、上海中国银行	哈尔滨站、济南火车站、京奉铁路北京站、京奉铁路沈阳总站	北京燕京大学(今北京大学)、北京图书馆、北京协和医院、南京中央博物院	北京谦祥益绸缎庄、北京东安市场	上海沙逊大厦、上海国际饭店、上海大新公司
特点	具备近代功能的民族形式	高耸宏大的建筑体量,坚实雄伟的外观和富丽堂皇的内景,大多采用占典式、折中式的建筑形式,也有少数采用民族形式	火车站建筑外观多移植国外建筑形式,建筑水平大体相当于同时期国外的火车站	近代民族形式建筑	沿用传统建筑形式,适当采用新材料、新结构进行局部改造,扩大活动空间	近代化水平最高、建筑艺术最突出的建筑形式

图 1-27 上海人民大厦

图 1-28　哈尔滨站

图 1-29　北京图书馆

图 1-30　北京东安市场

图 1-31　上海大新公司（和平饭店）

1.2.3　现代建筑沿革

近代建筑和现代建筑在时间上存在交叉，现代建筑的出现可以追溯到产业革命和由此而引起的社会生产生活的大变革，现代建筑各阶段的建筑风格如图 1-32 所示。

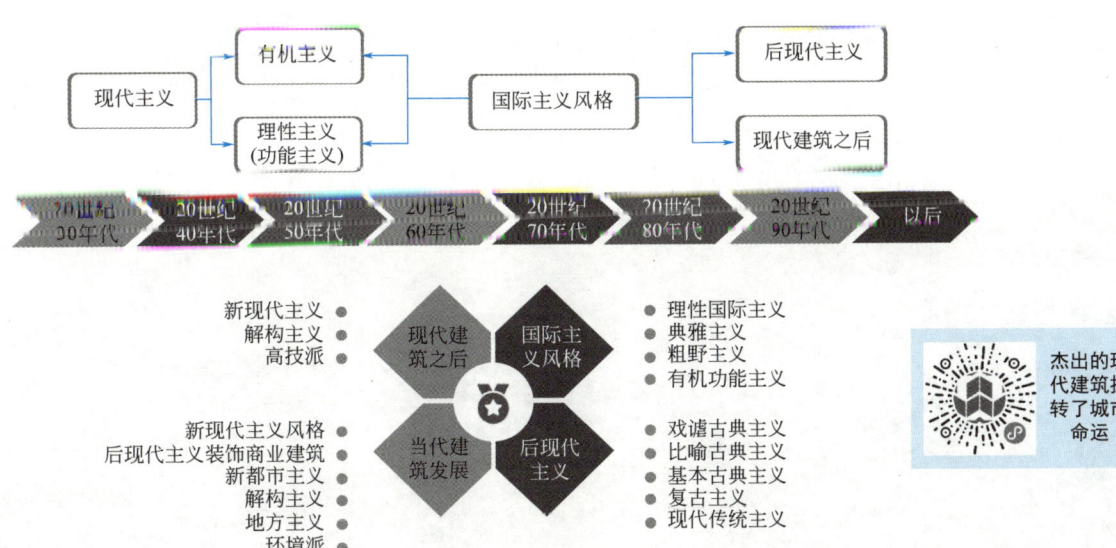

杰出的现代建筑扭转了城市命运

图 1-32　现代建筑的风格演变

 **综合考核**

请同学们分组，每一位组员选择一个家乡历史悠久的建筑，并在小组内展开讨论，共同选择一个最具影响力的建筑，为该建筑设计宣传片脚本并制作宣传视频，以提高其知名度。

分组：班级同学分组，4～6人为一组。

成果：撰写一个宣传片脚本，制作一个视频（视频可在已有视频基础上重新剪辑编排）。

考核：视频在班级群投票打分，获得小组排名，组内分工放在视频谢幕最后，由小组互评和教师打分得出最终成绩。

1.3 建筑材料

【知识引入】建筑材料是在建筑工程中所应用的各种材料，可分为结构材料、装饰材料和某些专用材料。观看视频《能源自给自足的绿色建筑，零能耗建筑时代即将到来》，查找资料了解"零碳建筑、低碳建筑、负碳建筑"。

【知识内容】建筑的发展离不开各种材料在建筑设计中的应用，人类社会的发展和进步过程中，材料是社会发展的物质基础，是人类进步的重要标志之一。

1.3.1 建筑材料发展史

回顾材料发展的历史实则是回顾人类文明发展的历程。图 1-33 给出了从远古时期至今建筑材料的发展历史，从各种材料所对应的典型建筑不难看出，建筑材料的发展赋予了建筑物以时代的特性和风格。建筑作为人类文明的一部分，在人类的繁衍发展中起到了重要的作用。

游历建筑材料的发展史

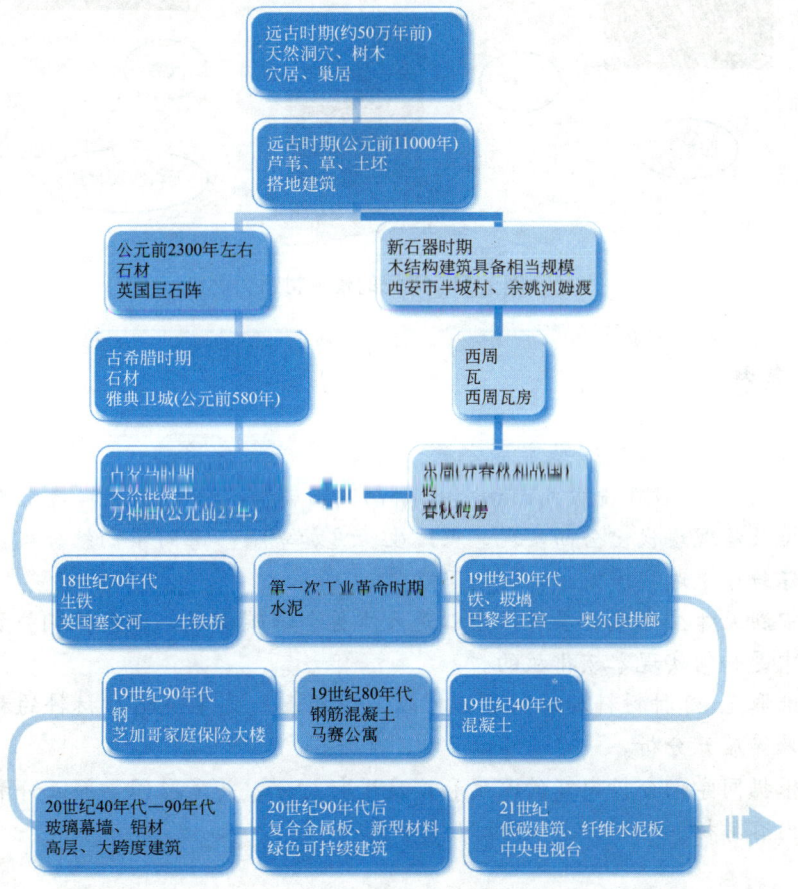

图 1-33 建筑材料的发展历史

1.3.2 常见的建筑材料

建筑材料指的是用于建造各类建筑物、构筑物等的实体材料。为了满足建筑物的结构形式、设计的要求等诸多要素需要，建筑材料的种类多种多样。对当前建造过程中的常见建筑材料进行梳理，得到图1-34。

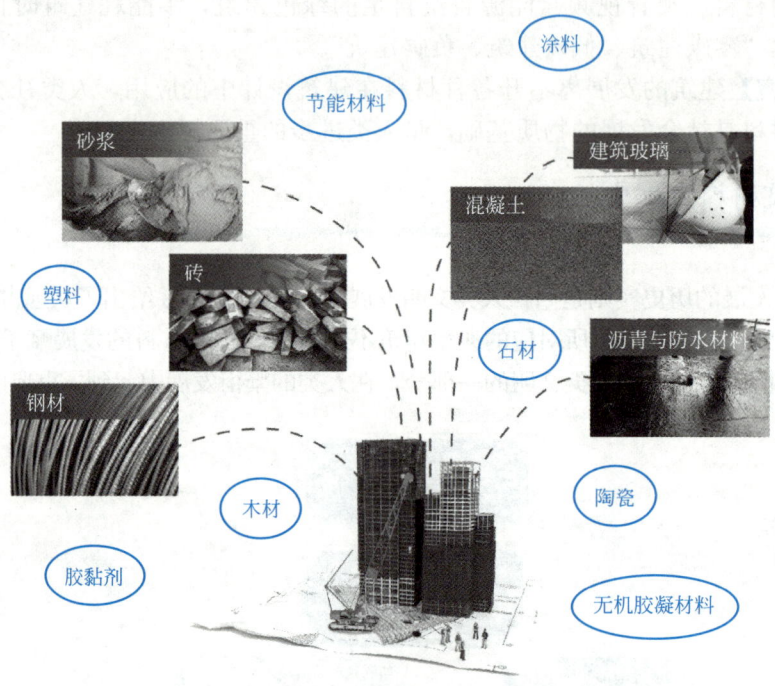

图1-34　常见的建筑材料

综合考核

根据《城乡建设领域碳达峰实施方案》，2030年前，城乡建设领域碳排放达到峰值。力争到2060年前，城乡建设方式全面实现绿色低碳转型，美好人居环境全面建成，城乡建设领域碳排放治理现代化全面实现，人民生活更加幸福。请同学们结合当下热点，了解建筑材料在建筑建造过程中使用的创新思路。

任务：中新天津生态城公屋展示中心是天津首个零碳建筑，请查找相关资料，说明建筑材料在其中是如何实现零碳排放的。

成果：选取1~3种材料加以阐述，可以采用列表或文字说明对材料的种类、使用位置、产生效果等展开分析。

考核：根据同学们分析内容的深度和广度进行打分，并采取同学间互评和教师点评完成本次训练内容考核。

1.4　建筑构造

【知识引入】有人说眼睛是心灵的窗户，如果建筑失去窗户，想象一下，我们所处空间会有哪些改变？查找《民用建筑设计统一标准》GB 50352—2019，了解窗户的构造要求，并对比南北建筑中窗户构造的异同点。

【知识内容】建筑构造是指建筑物各组成部分根据建筑物的功能、材料性质、受力情况、施工方法和建筑形象等要求选择的合理构造方案，以作为建筑设计中综合解决技术问题及进行施工图设计的依据。

1.4.1　建筑的基本构造

房屋建筑一般由基础、墙（柱）、楼地面、楼梯、屋顶、门窗等组成，图 1-35 给出了某房屋建筑基本组成。

跟我学
建筑专用
术语

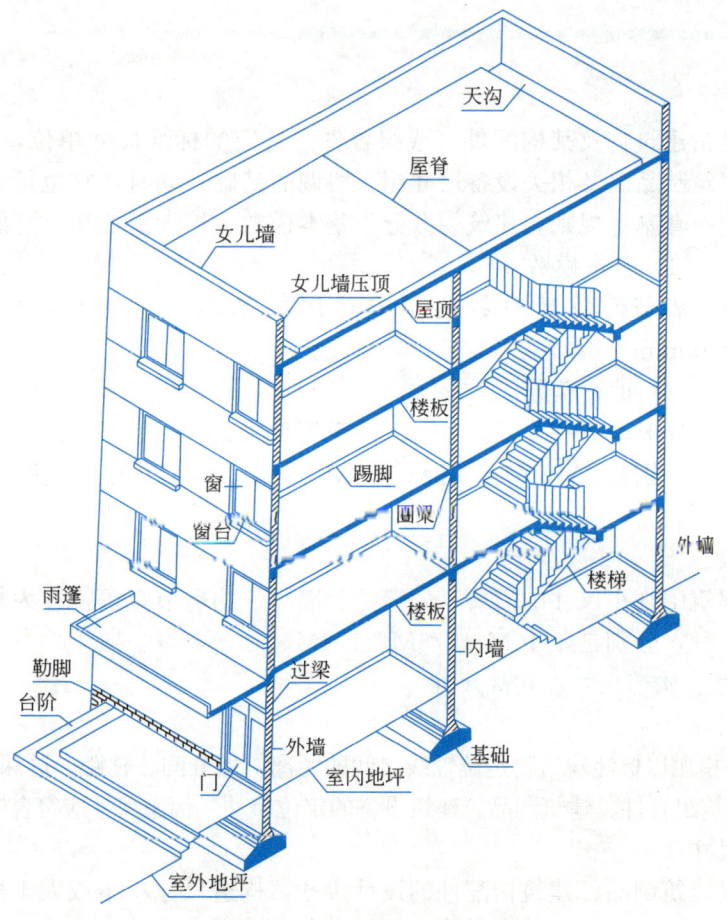

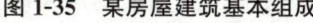

图 1-35　某房屋建筑基本组成

基础：一般是指建筑物地面以下的结构，建筑物通过基础将荷载传递给地基（土），因此，基础必须稳固、牢靠，基础，基础可根据埋深、受力、材料、构造进行划分。

墙：墙是建筑内部用于隔断空间的结构，同时也兼具防水、防风、保温、隔热的性能，既可以承重也可以不承重。根据墙的位置，又可分为内墙和外墙。

楼地面：楼地面一般由地面层和楼板层组成。首先要具备足够的强度，同时兼备隔声、防水、防火等功能。

楼梯：楼梯是建筑内部的垂直交通枢纽，一般设置在楼层之间，由梯段（又称梯跑）、平台（又称休息平台）和围护构件等组成，楼梯的最低和最高一级踏步间的水平投影距离为梯长，梯级的总高为梯高。

屋顶：建筑物或构筑物的顶盖，由面层和承重结构两部分组成，在保证屋顶构件的强度、刚度和整体空间稳定性的同时，具备防水、保温、隔热以及隔声、防火等功能。屋顶被称为建筑的"第五立面"，在设计时还应考虑其艺术特性。

门窗：门窗作为建筑的围护结构，其形状、尺寸、比例、排列、色彩等对建筑造型起着重要的作用。由于地域气候差异，门窗在保温、隔热、隔声、防水、防火等功能要求方面差异明显。门窗密闭性的要求，是节能设计中的重要内容。

1.4.2 建筑尺寸

1. 建筑模数

建筑模数是指建筑物及其构配件（或组合件）选定的标准尺寸单位，并作为建筑物、建筑构配件、建筑制品以及相关设备尺寸相互协调的基础；同时，它也是为了实现设计的标准化而制定的一套基本规则。建筑模数分为基本模数、扩大模数和分模数。

（1）基本模数

基本模数是模数协调中选用的基本尺寸单位，用 M 表示，1M＝100mm。

认识模数制

（2）扩大模数

对于建筑中进深、开间、柱距等较大的尺寸应为某一扩大模数的倍数。扩大模数共六种，分别是 3M、6M、12M、15M、30M、60M。在建筑设计中常采用的扩大模数为 3M。

（3）分模数

为了满足建筑中细小尺寸的需要，如缝隙、墙厚、构造节点等，应为某一分模数的倍数。分模数共三种，分别是 1/10M、1/5M、1/2M。

2. 标志尺寸、构造尺寸、实际尺寸

（1）标志尺寸

标志尺寸是指用以标注建筑物定位轴线之间的距离，如开间、柱距、进深、跨度等，以及建筑构配件、建筑组合件、建筑制品、建筑设备的定位尺寸。标志尺寸应符合模数制的规定。

（2）构造尺寸

构造尺寸是建筑制品、建筑构配件的设计尺寸，构造尺寸小于或大于标志尺寸。一般情况下，构造尺寸等于标志尺寸减去缝隙或加上支承长度。

（3）实际尺寸

实际尺寸是建筑制品、建筑构配件的实有尺寸，实际尺寸与构造尺寸的差值为允许的建筑公差数值（允许误差）。

1.4.3　建筑设计规范

建筑设计规范是指国家或有关部门对基本建设设计所规定的各项技术标准。它是各类工程设计的基本依据，是建筑设计标准化的重要组成部分。在建筑设计中，需按国家、部门、省（市、自治区）和设计单位的规范和标准进行设计，以满足建筑安全性、经济性、适用性要求。主要的国家建筑设计规范和有关规定有：

《民用建筑设计统一标准》GB 50352—2019

《建筑工程设计文件编制深度规定》（2016 年 11 月）

《房屋建筑制图统一标准》GB/T 50001—2017

《建筑制图标准》GB/T 50104—2010

《总图制图标准》GB/T 50103—2010

《建筑模数协调标准》GB/T 50002—2013

《建筑设计防火规范》GB 50016—2014（2018 年版）

《建筑内部装修设计防火规范》GB 50222—2017

综合考核

在校园中，锁定自己喜欢的建筑，对该建筑内的某一构造进行介绍。查找《民用建筑设计统一标准》GB 50352—2019、《宿舍、旅馆建筑项目规范》GB 55025—2022 等规范，了解构造做法、尺寸要求，并采用卷尺或者目测，得到其构造尺寸，分析该尺寸是否满足模数数列的规定。本考核旨在培养同学们会查找规范，并熟悉建筑模数概念。

分组：以 4～6 人为一组，做好分工，填写表 1-4 小组任务分工表。

成果：以 PPT 形式对其构造做法、尺寸进行介绍。

考核：以作品成绩、组内互评，综合得到个人得分。

小组任务分工表　　　　　　　　　　　　　　　　表 1-4

姓名	成员	所承担任务模块	任务完成情况自评	任务完成情况总评

1.5 建筑装饰

【知识导入】建筑装饰是建筑装饰装修工程的简称，是对生活用品或生活环境进行艺术加工的手法，它必须与所装饰的客体有机结合，成为统一、和谐的整体。装饰的目的是要达到建筑物本身的使用功能，合理提高所在环境的物质生活水准，充分表现不同功能空间和使用对象的精神内涵。你了解装饰设计的变化趋势吗？

【知识内容】建筑装饰是为保护建筑物的主体结构，完善建筑物的物理性能、使用功能和美化建筑物，采用装饰装修材料或饰物对建筑物的内外表面及空间进行的各种处理过程。

1.5.1 建筑装饰发展历程

建筑装饰按照发展历程可分为古代建筑装饰、近代建筑装饰、现代建筑装饰、智能建筑装饰，其发展历程如图 1-36 所示。绿色、舒适、安全、智能化的家居生活是人们追求的新风向，现代的装饰新意不断。当人们的生活方式、生活习惯都因物联网、互联网、智能移动终端而改变时，智能化技术在建筑装饰领域应用会越来越广。智能化装饰和硬装饰

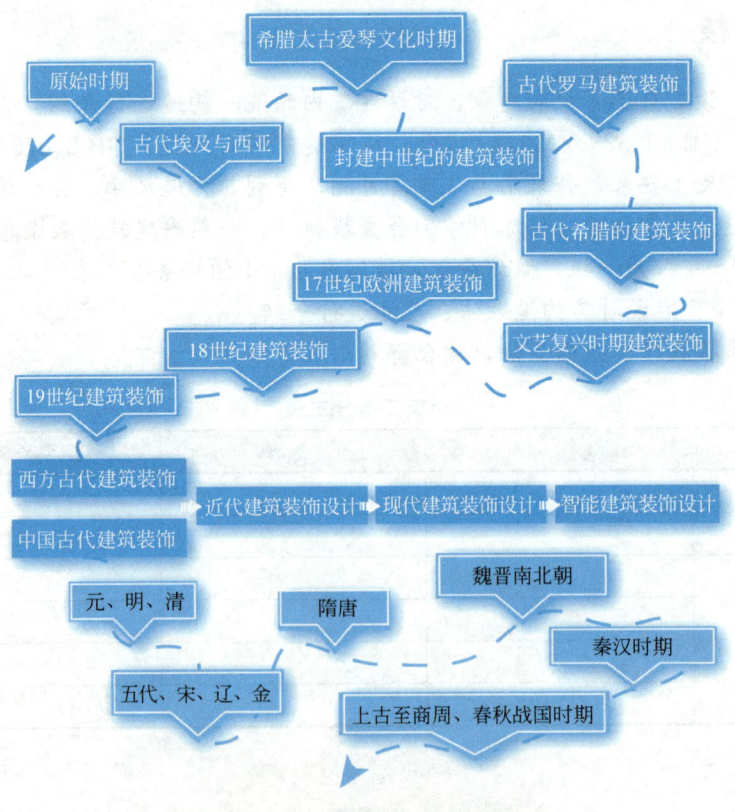

图 1-36　建筑装饰发展历程

与软装饰一样，都属于装饰中不可缺少的一个环节，融入了现代高科技元素的智能化装饰，让所处环境更安全、更便捷。

1.5.2　建筑装饰集成化

建筑装饰集成化是集优选的设计方案、先进的生产管理方式、性能优良的材料和设备等于一体的优化集成产品。它是以专业化工厂和社会化协作的生产方式，将装饰部件加以装配集成，为市场提供完善的产品。

装配式装修让你快速入住新家

以集成墙面为例。集成墙面是 2009 年针对家装污染以及工序烦琐等弊端，提出的集成化全屋装修方案。图 1-37 是建材市场某店面内展示的集成墙面板，施工后的实际效果如图 1-38 所示，具有较强的立体感，表面采用彩色图案，整体装饰效果好。

图 1-37　集成墙面板

图 1-38　集成墙面板装饰效果

1.5.3　智能化装饰装修

人们对于自己的居住生活环境提出了进一步改善要求，传统装饰体系不可避免地要与智能化产品系统结合，由此带来的智能化装饰，才能满足人们对于智能化、节能环保、健康舒适度等方面的要求。智能化装饰不是设备的简单堆砌集成，智能化的设备也需要与装饰设计紧密联系，因为空间及个性化的装饰设计是早于设备进入的，前期的设计要充分考虑融合智能家居产品，以免整体风格破坏。

家居智能化装修项目包括：家庭 AV 共享、背景音乐、智能遥控系统、电动窗帘、智能照明、智能安防、电视视频系统等，如图 1-39 所示。

综合考核

学校在"五育融通"的学生素质培养过程中，会组织各种各样的活动。请积极参加学

图 1-39　智能家居

校里的寝室美化大赛，借用卷尺或激光测距仪对你们所在寝室进行测量，查找《宿舍、旅馆建筑项目规范》GB 55025—2022 和《宿舍建筑设计规范》JGJ 36—2016 中有关寝室设计的要求，手绘出你们理想的寝室平面布置图（含家居布置）并给出装饰设计方案。

　　分组：一个寝室为一组。

　　成果：结合规范和建筑模数要求，在 A3 纸上手绘寝室的平面布置图，并用较少的财、物创造出理想的室内环境吧！

　　考核：以寝室为单位进行展示，通过投票得到小组得分，再综合组内互评，得出个人最终成绩。

学习单元2

认知建造

Chapter 02

学习背景

一座座宏伟建筑的诞生除了有设计师的奇思妙想，更离不开建设者们背后的辛苦付出和各种新材料、新工艺、新技术、新设备的鼎力支持。本节主要介绍建筑工程建造，了解建造的过程，熟悉建造的技术。

任务导入

在没有人类的时候，已有建造，大自然运用地、火、水、风的力量，让这个星球像作品一样存在。道法自然，向大自然学习，巧思源于天成。观看纪录片《大国建造》之匠心巧思，思考建设者是如何巧妙地将一项项超级工程与自然结合起来的呢？

2.1 建筑工程的概念及其基本属性

【知识引入】随着经济的蓬勃发展和技术的不断革新，现代建造技术也在不断突破，越来越多的地标性建筑出现在各个城市，无论是迪拜的帆船酒店、新加坡的滨海湾金沙酒店，还是北京的鸟巢、水立方，上海的金茂大厦、环球金融中心，都能体现建筑行业施工技术的超高水平，你知道我国还有哪些标志性的建筑工程吗？

【知识内容】"工程"一词最早出现在南北朝时期，从南北朝到民国时期，工程主要指土木的构筑、实施及其结果。现在，工程是指土木建筑或其他生产、制造部门用比较大而复杂的设备来进行的工作，如土木工程、机械工程、化学工程、采矿工程、水利工程等。

2.1.1 建筑工程的概念

土木工程是一门古老、传统、综合的学科，是人类赖以生存与发展的基础，它包括建筑工程、市政工程、道路工程、桥梁工程、隧道工程等。而作为土木工程学科中最具代表的分支——建筑工程，主要解决社会和科技发展所需的"衣、食、住、行"中"住"的问题。建筑工程是运用数学、物理、化学等基础知识和力学、材料等技术知识以及专业知识，研究各种建筑物设计、修建的一门学科。由于建筑工程主要涉及房屋等建筑物，故建筑工程又指房屋建筑工程，即新建房屋的规划、勘察、设计（含建筑、结构和设备）、施工的总称。

2.1.2 建筑工程的基本属性

建筑工程的基本属性主要包含了综合性、社会性、实践性以及技术、经济和艺术的统一性。

1. 综合性

建造一个工程项目一般要经过勘察、设计和施工三个阶段，还需要运用工程地质勘查、水文地质勘查、工程测量、土力学、工程力学、混凝土结构设计、钢结构、建筑材料、建筑设备、工程机械、建筑经济等学科和施工技术、施工组织等领域的知识以及计算机和力学测试等技术。因此，建筑工程是一门综合性学科。

2. 社会性

建筑工程是伴随着人类社会的发展而发展起来的。所建造的工程设施反映出各个历史时期社会经济、文化、科学、技术发展的面貌，从古代建筑到现代建筑，从传统工地到现代智慧工地，建筑工程也是社会历史发展的见证之一。

3. 实践性

建筑工程涉及的领域非常广泛，影响建筑工程的因素众多且复杂，表现为各种物质资源配置、加工、能量形式转化、信息传输变换的实践过程，因此建筑工程的发展对实践的依赖性很强。

4. 技术、经济和艺术的统一性

建筑工程是为人类需要服务的，所以它必然是集一定历史时期社会经济、技术和文化艺术于一体的产物，是技术、经济和艺术统一的结果。

2.1.3　建筑业 10 项新技术

随着工业的发展，科技水平的不断提高，建筑行业也在迅速地发展和进步中，同行之间的竞争也越来越激烈，因此要在建筑行业站稳脚跟就需要推广和使用一系列的新技术来攻克技术难题、保证建筑工程质量、提高经济效益。为了促进建筑产业升级、加快建筑行业技术进步，住房和城乡建设部组织行业内的专家编写了《建筑业 10 项新技术》并在全国推广应用，目前已修订至 2017 版。

我国的
《建筑业
10 项新
技术》

根据《建筑业 10 项新技术》（2017 版），目前我国建筑行业主推的新技术有：灌注桩后注浆技术、长螺旋钻孔压灌桩技术、真空预压法加固软基技术、装配式支护结构施工技术、地下连续墙施工技术、高耐久性混凝土技术、自密实混凝土技术、超高泵送混凝土技术、预制混凝土装配整体式结构施工技术、高强钢筋应用技术、液压爬升模板技术、组拼式大模板技术、大型钢结构滑移安装施工技术、钢与混凝土组合结构技术、硬泡聚氨酯外墙喷涂保温施工技术、工业废渣及（空心）砌块应用技术、太阳能与建筑一体化应用技术、工程量自动计算技术等。

综合考核

在上海松江区，昔日的采石坑里坐落了一座酒店——上海佘山世茂洲际酒店，被誉为"世界建筑奇迹"。酒店遵循自然环境，改变向天空发展的传统建筑理念，下探地表 88m 开拓建筑空间，依附深坑崖壁而建，是世界上第一个建造在废石坑内的自然生态酒店。请同学们观看"深坑酒店"相关视频，并结合本节内容，查阅相关资料，就"深坑酒店"项目中用到的新工艺、新技术、新材料、新设备进行总结或者对"深坑酒店"项目的一项或几项施工技术进行简单的介绍。

分组：4～6 人一组，做好组内分工。

成果：以小组为单位制作汇报 PPT，汇报内容简洁明了、图文并茂，汇报时间 8～10min。

考核：成绩由教师考核和小组互评两部分组成，各占 50%。

2.2 建设项目的划分

【知识引入】根据国家规定，基本建设项目根据项目规模可以分为大型、中型、小型三类。按建设性质分，建设项目又可以分为新建项目、扩建项目、改建项目、迁建项目、恢复项目。为了适应科学管理的需要，我们可以从不同的角度对建设项目进行分类，你还知道有哪些分类方式吗？

【知识内容】建设项目是以工程建设为载体的项目，是作为被管理对象的一次性工程建设任务，同学们是否了解建设项目是怎么划分的呢？

根据《建筑工程施工质量验收统一标准》GB 50300—2013 第 4.0.4 条规定，建筑工程施工质量验收应划分为单位工程、分部工程、分项工程和检验批。为了满足项目管理的质量、安全、成本、进度、环保等目标的需要，将建设项目划分为建设项目、单项工程、单位工程、分部工程、分项工程五个层次。

建设项目：指在一个总体设计范围内，由一个或几个工程项目组成，经济上实行独立核算，行政上实行独立管理，并且具有法人资格的建设单位。

单项工程：又称工程项目，是建设项目的组成部分，是指具有独立的设计文件，竣工后可以独立发挥生产能力或使用效益的工程。如一所学校的教学楼、办公楼、图书馆等。

单位工程：是单项工程的组成部分，是指具有独立设计文件，可以独立组织施工，但建成后一般不能独立发挥生产能力和使用效益的工程。如办公楼中的土建工程、市政工程、绿化工程等。

分部工程：是单位工程的组成部分，是指在一个单位工程中，按工程部位及使用的材料和工种进一步划分的工程。可根据复杂程度细分为子分部。如地基与基础工程、主体工程等。

分项工程：是分部工程的组成部分，是指在一个分部工程中，按不同的施工方法、不

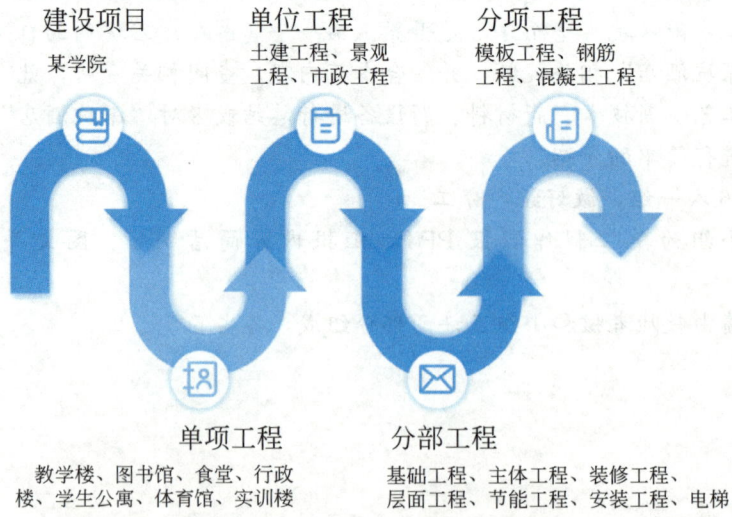

建设项目
某学院

单位工程
土建工程、景观
工程、市政工程

分项工程
模板工程、钢筋
工程、混凝土工程

单项工程
教学楼、图书馆、食堂、行政
楼、学生公寓、体育馆、实训楼

分部工程
基础工程、主体工程、装修工程、
层面工程、节能工程、安装工程、电梯

图 2-1 某学院建设项目划分层次图

同的材料和规格，对分部工程进一步划分，用较为简单的施工过程就能完成，以适当的计量单位就能计算工程量及其单价的建筑或设备安装工程的产品。如砖砌体工程、钢筋工程、混凝土工程等。

　　图 2-1 以某学院建设项目为例讲述建设项目的划分。

综合考核

　　某医院项目由地下室、门诊大楼、医技楼、住院南楼、住院北楼、临床学院 A、临床学院 B、会议中心组成，其效果图如图 2-2 所示。请同学们结合本节所学内容对该工程项目进行项目层次划分。

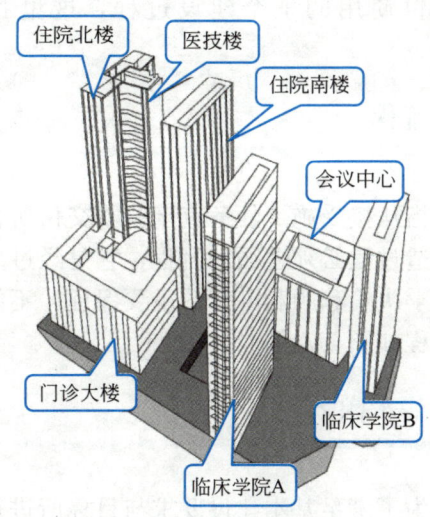

住院北楼　医技楼　住院南楼　会议中心　门诊大楼　临床学院A　临床学院B

图 2-2　某医院效果图

2.3 建筑工程的建造流程和建造内容

【知识引入】2020年1月新冠肺炎疫情期间，编设1000张床位的火神山医院从方案设计到交付只用了10天时间，这是一场与时间竞速、与病毒赛跑的较量，也是一场不容闪失、必须打赢的硬仗。在这场与病毒竞速的较量中，每一道工序的时间安排都精确到以小时来计算，我们在惊叹中国速度的同时也为中国建造的力量所震撼。

【知识内容】工程项目建设程序是指工程项目从策划、评估、决策、设计、施工到竣工验收、投入生产或交付使用的整个建设过程，这里我们主要学习施工环节的内容。

2.3.1 建筑工程的建造流程

建筑工程的建造流程是指从接受施工任务直至验收交付所包括的主要阶段的先后工作次序，是工程项目在整个建造过程必须遵循的流程，它是经过多年的施工实践而发展的客观规律，是建筑工程项目科学决策和顺利进行的重要保证，不能任意颠倒，但可以合理交叉。房屋建筑工程的建造流程如图2-3所示。

2.3.2 建筑工程的建造基本内容

建筑工程的建造施工是为了满足基本建设要求与目标所进行的建设准备、建设实施与交付，包含了建造、改建、恢复、移动与拆除等活动。其过程主要是依据设计文件、采用相应的技术、组织不同的人员、消耗一定的物力资源（如材料与机械等），通过合理有效的管理，最终形成可见的符合设计要求的工程实体。建造基本内容主要涵盖了施工准备、施工过程和竣工验收三个阶段，具体内容如下。

1. 施工准备阶段

施工阶段的主要内容包括组建项目经理部、现场施工条件准备、图纸会审、施工组织设计编制（含施工进度计划、场地平面布置图、施工方案等）、开工准备（如施工许可证领取、开工报告备案报审等）、工程定位放样（由建设单位委托专业单位完成）。

（1）组建项目经理部

施工项目经理部是施工项目管理工作班子，置于项目经理的领导之下。是为了某个特定项目的施工需要，临时组建的"一次性"机构，随着施工项目的开始而组建，随着施工项目的结束而解散。其职能与地位类似于企业内部的临时性职能部门。因此，其行使的职权范围必须是获得企业法人授权的范围。为了充分发挥项目经理部在项目管理中的主体作用，必须特别重视项目经理部的机构设置，做到设计好、组建好、运转好，从而发挥其应有功能。项目组织机构如图2-4所示。

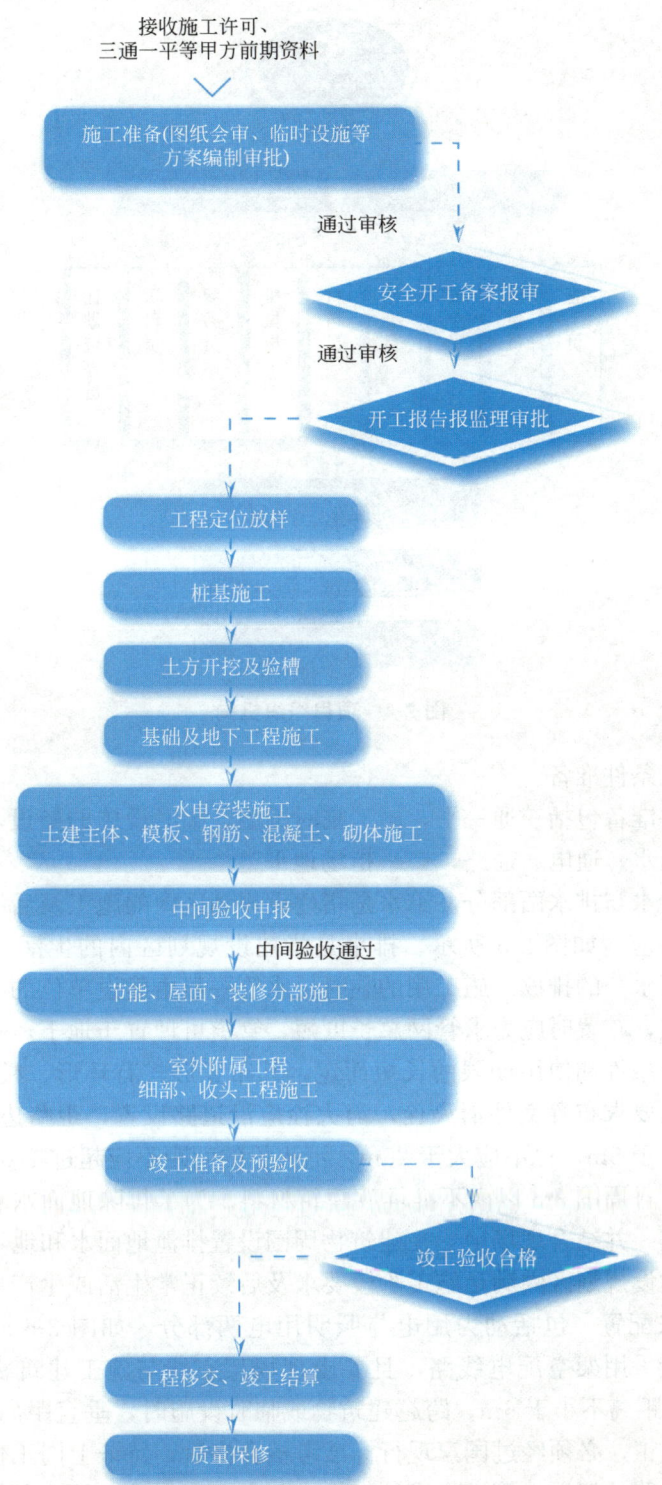

图 2-3　房屋建筑工程建造流程

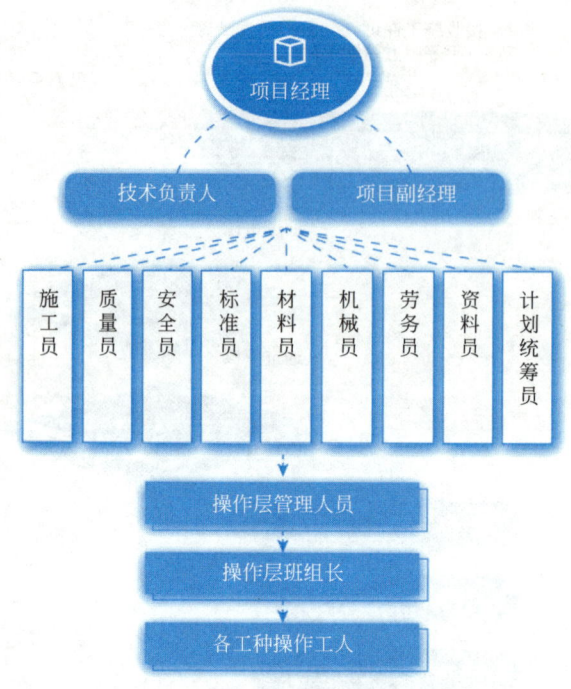

图 2-4　项目组织机构

（2）现场施工条件准备

现场施工条件准备包括三通一平，施工临时围墙、临时设施的搭设，施工现场场地硬化等。三通即指通水、通电、通路，一平指场地平整。

通水，包括给水与排水两部分。给水是指建设规划区内的施工及后续满足正常生活和生产所需的用水供应，如图 2-5 所示。排水是指建设规划区内的生活与生产所产生的污水、废水（包括雨水）的排放。施工用的临时给水管一般由建设单位的干管或自行布置的干管接到用水地点，布置时应力求管网总长度短，管道可埋置于地下，也可以铺设在地面上，视当时的气温条件和使用期限的长短而定，其布置形式有环形、枝形、混合式三种。供水管网应按防火要求布置室外消火栓，消火栓应沿道路设置，距路边应不大于 2m，距建筑物外墙不应小于 5m，也不应大于 25m，消火栓的间距不应超过 120m，工地消火栓应设有明显的标志，且周围 3m 以内不准堆放建筑材料。为了排除地面水和地下水，应及时修通永久性下水道，并结合现场地形在建筑物周围设置排泄地面水和地下水沟渠。

通电，指在建设规划区内满足施工阶段要求及后续正常生活或生产要求的电力，一般按最高峰用电量来配置，包括动力用电与照明用电两部分，如图 2-6 所示。为了维修方便，施工现场一般采用架空配电线路，且要求现场架空线与施工建筑物水平距离不小于 10m，电线与地面距离不小于 6m，跨越建筑物或临时设施时，垂直距离不小于 2.5m。在施工现场操作的电工，必须经过国家现行标准考核合格后，持证上岗工作，严禁其他人员涉及供电设备、线路的架设、管理与维护工作。各类用电人员必须通过相关安全教育培训和技术交底，掌握安全用电基本知识和所用设备的性能，考核合格后方可上岗工作。安装、巡检、维修或拆除临时用电设备和线路，必须由电工完成，并不得独立作业，须在有

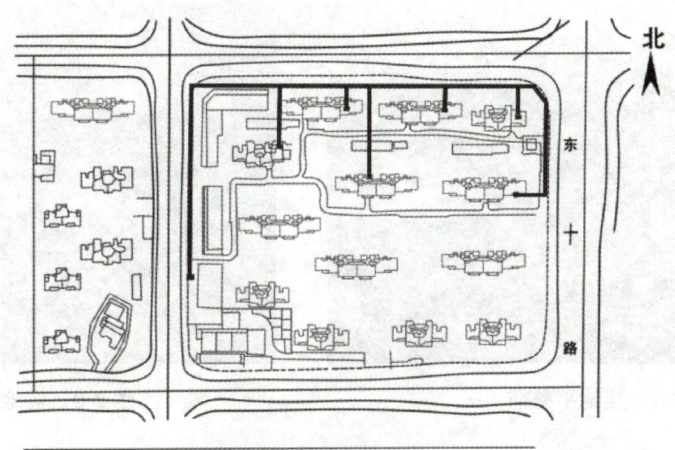

XXXX项目临时用水

图 2-5　临时用水平面布置图

人监护的情况下进行。施工现场临时用电须满足《施工现场临时用电安全技术规范》JGJ 46—2005 和《建设工程施工现场供用电安全规范》GB 50194—2014 的规定。

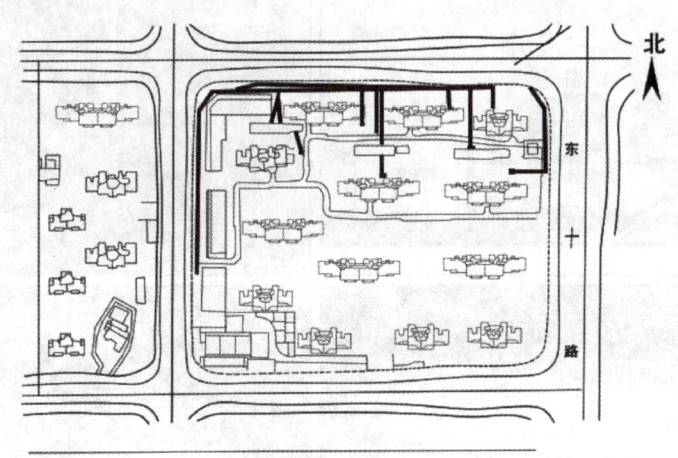

XXXX项目临时用电

图 2-6　临时用电平面布置图

　　通路，指批准的建设规划区内通往外界的主干道和建设规划区内相互联系的支干道，所设道路需满足施工阶段人、材、机运输道路的通畅及消防要求，同时还应考虑经济成本、施工过程通道变化的需求等。布置道路时，现场主要道路尽可能选择利用永久性道路，或者先修好永久性道路路基，在土建工程结束前再铺路面。运输通道最好绕建筑物布置成一条环形道路，路宽一般不小于 3.5m，主干道路宽度不小于 6m。道路两侧应结合地形设排水沟，宽度不小于 0.3m，深度不小于 0.4m。

　　场地平整，指将设计红线范围内的自然地面或拆迁用地，通过人工或机械手段改造成满足建设工程施工要求的场地，如图 2-7 和图 2-8 所示。

图 2-7　场地平整前

图 2-8　场地平整后

施工临时围墙，是指在用地红线范围内建设临时围挡，作为施工场地的临时围墙，对施工现场实行封闭管理，并设置进出口大门，制定门卫制度。围挡材质要求坚固、稳定、统一、整洁、美观。设置临时围墙是文明施工的必要条件，如图 2-9 所示。

图 2-9　施工临时围墙

上述几项工作除通水与通电外，一般是由建设单位在拿到地块后自行组织安排施工，但如果时间可以同步的情况下，也可委托施工单位完成。

临时设施，是指为保证施工和管理的正常进行而临时搭建的各种建筑物、构筑物和其他设施，主要分行政管理、生产、生活三大类，一般在基本建设工程完成后拆除。临时设施还包括"五牌一图"的设置，"五牌一图"是指工程概况牌、管理人员及监督电话牌、安全生产牌、文明施工牌、消防保卫牌和施工现场平面布置图（也可为项目鸟瞰图），如

图 2-10 所示。

图 2-10 五牌一图

施工现场场地硬化，指可采取铺设混凝土、塘渣、碎石等方法，防止晴天灰尘飞扬，雨天泥泞污染环境，如图 2-11～图 2-13 所示。

图 2-11 混凝土场地硬化

图 2-12 塘渣场地硬化

图 2-13 碎石场地硬化

（3）图纸会审

图纸会审是建设单位或者是监理单位（建设单位全权委托）组织并记录，在施工单位图纸自审的基础上，由设计单位进行图纸交底并解答图纸上疑问，最后形成会审纪要（四方单位会签、加盖公章），并作为设计文件的补充，如图 2-14 所示。

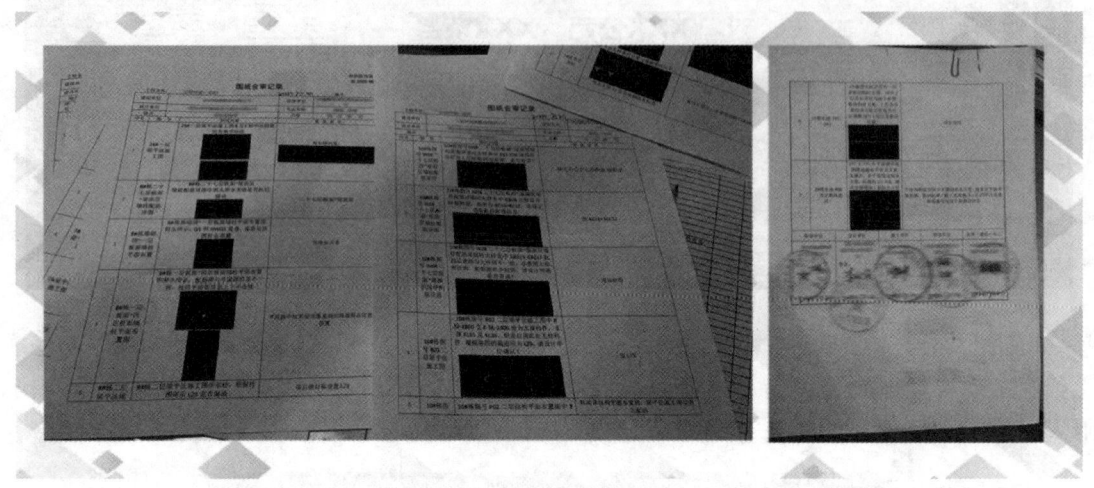

图 2-14　图纸会审记录

（4）施工组织设计编制

施工组织设计（标后）是施工单位参与工程投标而中标取得施工任务后并在开工前，由施工项目经理主持并组织项目部有关人员编制，是指导施工项目实施阶段管理的综合性文件，是开工前一项重要的施工技术准备工作，如图 2-15 所示。

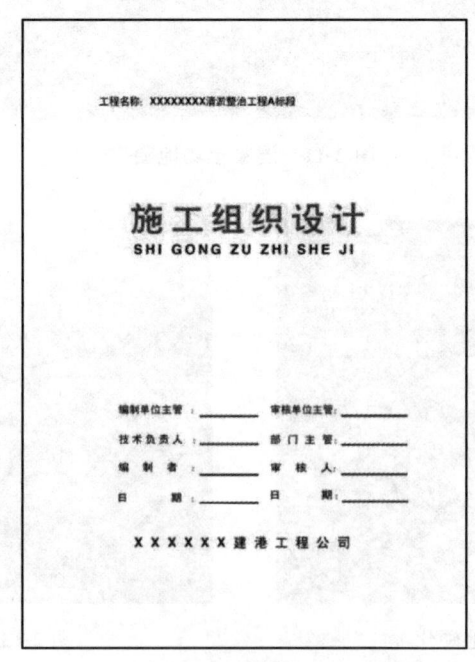

图 2-15　施工组织设计文件

（5）施工许可证领取

工程正式开工前，由建设单位按照国家有关规定向工程所在地县级以上人民政府建设行政主管部门申请施工许可证，施工单位则需提供由企业负责人签署的建筑工程已经具备施工条件的文件，报发证机关审查，如图 2-16 所示。

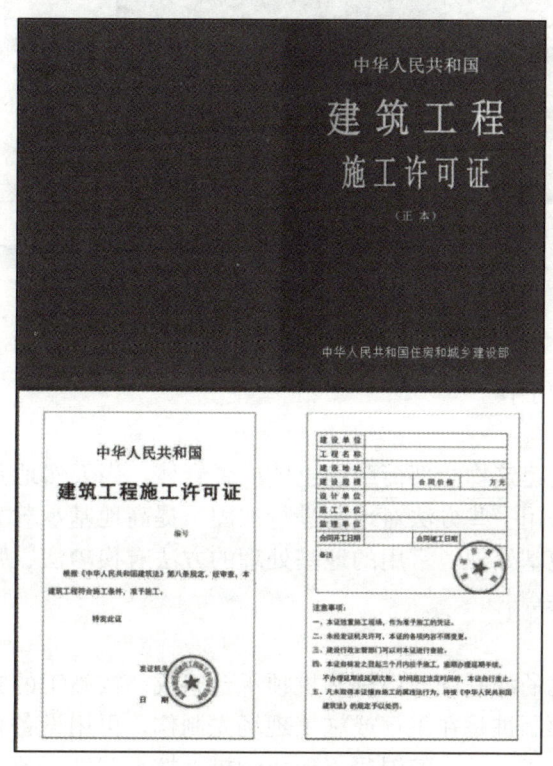

图 2-16　施工许可证

（6）开工报告备案报审

工程项目开工前，总监理工程师应组织专业监理工程师对开工条件进行全面审查，审查的内容主要是建设单位提供的基础资料和准备工作、施工单位提供的基础资料和准备工作、监理单位的准备工作。审查通过后，施工单位向项目监理机构报送工程开工报告、工程开工报审表、证明文件等，由总监理工程师签发，并报送建设单位批准后方可开工。

2. 施工过程阶段

建筑工程施工一般遵循先地下后地上，先主体后装修的施工顺序，参照《建筑工程施工质量验收统一标准》GB 50300—2013 所涵盖的十个分部工程，其主要内容包括：桩基施工、土方开挖及验槽、排水降水施工、基坑支护工程施工、基础及地下工程施工、土建主体结构施工（模板工程、钢筋工程、混凝土工程、砌体工程、预应力混凝土工程、结构安装工程等）、水电安装工程施工、中间验收、建筑节能工程施工、屋面及防水施工、建筑装饰装修工程施工、室外附属工程施工，如图 2-17 所示。

（1）地基与基础工程

地基与基础工程主要包括地基处理、桩基工程、土石方工程（含排降水与支护）、基础及地下工程等。基础形式采用桩基的，需先打桩后挖土，在挖土过程中做好排水降水，

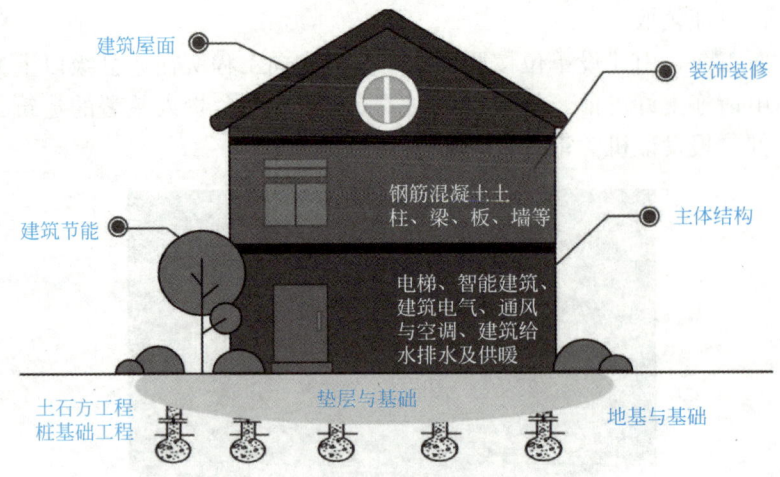

图 2-17　各分部分项工程逻辑关系图

同时还需做好基坑支护工作。

① 地基处理

地基是指直接承受建筑物全部荷载的土体或者岩体，当天然地基无法满足承载力的要求时，就需要人为地采用一些方法对地基进行加固，提高地基承载力，保证地基稳定，这种加固的方法就称为地基处理。常用的地基处理的方法有换填法、强夯法、挤密桩法、排水固结法、化学加固法等。

② 桩基工程

桩基础是一种常见的深基础，由桩和桩顶承台组成。按施工的方法分，桩基础可以分为预制桩和灌注桩。预制桩是在工厂或施工现场先制作，再用设备将其沉入土中；灌注桩是在施工现场桩位上先成孔再浇筑混凝土形成的桩。按承载性能分，桩基础可以分为端承桩和摩擦桩，图 2-18 所示。端承桩是由桩端承受全部或主要荷载，摩擦桩是由桩身承受全部或主要荷载。根据桩身材料不同，桩基础又可以分为钢筋混凝土桩、钢桩、木桩。

小事一"桩"之学习桩基础的分类

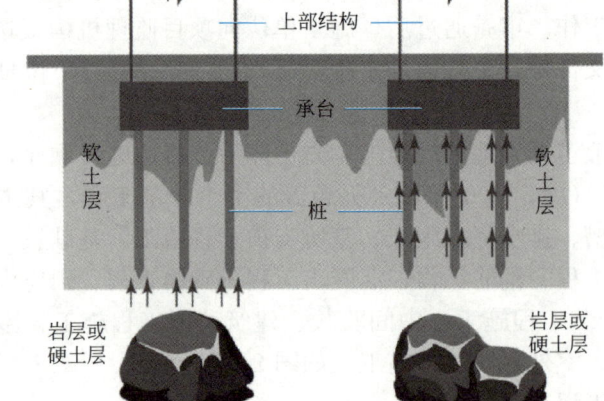

图 2-18　桩基础分类

③ 土石方工程

土石方工程是指在施工过程中土（石）方的开挖、回填、运输以及基坑排降水与支护。常见的土石方工程包括：场地平整、土（石）方开挖与运输、基坑降水、基坑支护、土（石）方回填与压实。土石方工程的工程量大，施工条件复杂，受地质、水文、气象等条件影响较大。

④ 基础及地下工程

基础及地下工程是指建筑物位于地平面以下的部分。基础是建筑结构直接与地基接触的承重构件，它将建筑物的上部荷载传递给地基，常见的基础形式有桩基础、独立基础、条形基础等。地下工程是指建造在地下的建筑物或构筑物，房建工程中常见的地下工程有地下仓库、管道、车库、商业街等。地下工程施工困难，工期一般较长，投资较高。

（2）主体工程

主体工程主要包括钢筋混凝土工程、砌筑工程、预应力混凝土工程、结构安装工程等。

① 钢筋混凝土工程

钢筋混凝土工程主要包括模板工程、钢筋工程、混凝土工程，能形成房屋的墙、柱、梁、板、楼梯等主要结构实体。

A. 模板工程

模板是一种临时性支护结构，按设计要求制作，使混凝土构件按几何尺寸成型，并保证其位置正确，模板系统由模板和支撑体系组成。模板按材料可分为木模板、竹模板、钢模板、铝合金模板、塑料模板等，如图2-19～图2-22所示。

图 2-19　竹模板

图 2-20　木模板

图 2-21　钢模板

图 2-22　铝合金模板（楼梯模板）

045

　　由于各种现浇混凝土构件的结构形式、尺寸、构造要求不同，模板的构造和组装方法也不一样，形成各自的特点。因此，模板按结构类型可以分为：基础模板、柱模板、梁模板、楼板模板、楼梯模板、墙模板等，如图 2-23～图 2-27 所示。

图 2-23　基础模板

图 2-24　柱模板

图 2-25　梁模板

图 2-26　楼板模板

图 2-27　墙模板

B. 钢筋工程

钢筋混凝土结构中用的普通钢筋分为热轧钢筋和冷加工钢筋，其中热轧钢筋是最常用的钢筋，有热轧光圆钢筋（HPB）、热轧带肋钢筋（HRB）、余热处理钢筋（RRB）三种。通常热轧钢筋为直径 6.5～9mm 的，大多数卷成盘条，如图 2-28 所示；直径 10～40mm 的，一般是 6～12m 长的直条，如图 2-29 所示。钢筋还可以根据直径大小来分类，直径 3～5mm 的为钢丝，直径 6～10mm 的为细钢筋，直径大于 22mm 的为粗钢筋。

图 2-28　光圆钢筋

图 2-29　带肋钢筋

钢筋工程的施工主要包括钢筋验收、钢筋下料及加工、钢筋连接、钢筋绑扎与安装。运至现场的钢筋首先要进行验收，包括钢筋标牌和外观检查，并按有关规定取样进行机械性能检验。钢筋出厂，每捆（盘）应挂有两个标牌（上注厂名、生产日期、钢号、炉罐号、钢筋级别、直径等），如图 2-30 所示，并有随货同行的出厂质量证明书或试验报告书；热轧钢筋表面不得有裂缝、结疤和折叠，外形尺寸应符合规定；从每批次钢筋中任选两根，每根取两个试件分别进行拉伸试验（屈服点、抗拉强度和伸长率的测定）和冷弯次数试验。

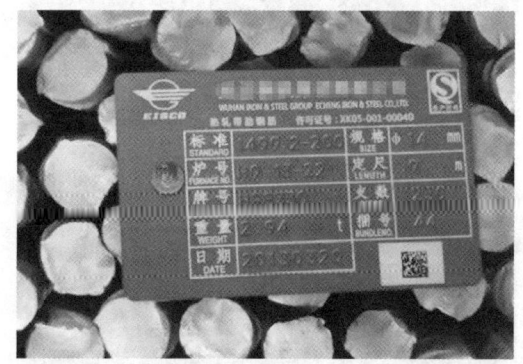

图 2-30　钢筋标牌

钢筋下料指的是根据施工图纸计算出每根钢筋切断时的直线长度然后加以编号，填写配料单，申请加工。钢筋加工是指利用机械设备对钢筋进行调直、除锈、下料剪切、接长、弯曲，该过程目前多集中在生产车间完成，部分工地在现场钢筋加工区流水作业完成，如图 2-31 所示。

图 2-31　钢筋加工区（标准化工地）

　　钢筋连接的方式有三种，分别是绑扎连接、焊接连接、机械连接。其中机械连接又称为"冷连接"，有挤压套筒连接和螺纹套筒连接两种。挤压套筒连接是将两根待连接钢筋插入一个特制钢套管内，采用挤压机和压模在常温下对套管加压，使两根钢筋紧固成一体。螺纹套筒连接是将两根待接钢筋的端部和套管预先加工成螺纹，然后用手和力矩扳手将两根钢筋端部旋入套筒形成机械式钢筋接头。如图 2-32～图 2-34 所示。

图 2-32　钢筋绑扎连接

图 2-33　钢筋挤压套筒连接

图 2-34　钢筋螺纹套筒连接

C. 混凝土工程

混凝土是由水泥、砂、石、水按照一定的比例混合均匀形成的混合物。在施工中要求混凝土保持成分均匀、不分层离析，成型后混凝土密实均匀。为了改善混凝土的性能，提高其经济效果，以适应新结构、新技术的需要，外加剂已经成为混凝土的第五组分，常用的有：早强剂、缓凝剂、速凝剂、减水剂、膨胀剂、加气剂等，如图 2-35所示。

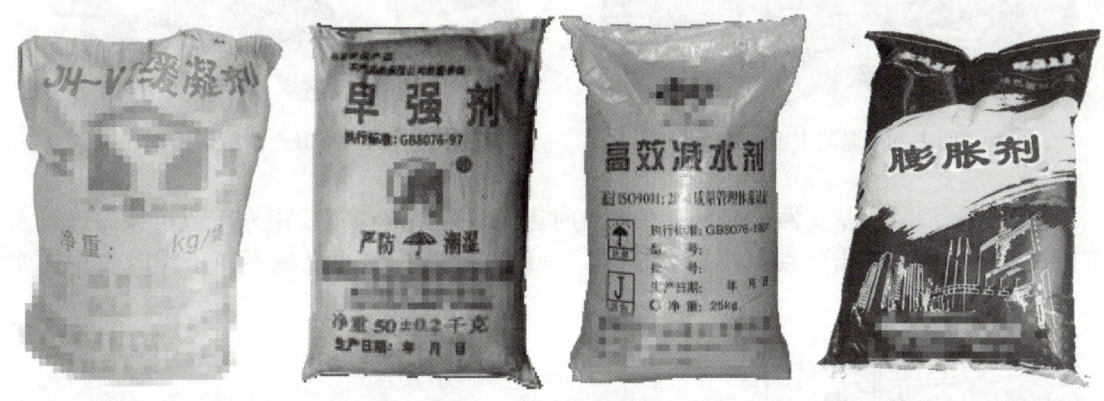

图 2-35　混凝土外加剂

混凝土工程的施工过程包括混凝土的拌制、运输、浇筑振捣和养护等施工过程，各个施工过程既相互联系又相互影响。

混凝土的拌制宜选用机械搅拌，常用的混凝土搅拌机有自落式和强制式两种，如图 2-36 和图 2-37 所示。为了适应城市发展的需求，现在很多城市都规定了在一定区域内必须使用商品混凝土，商品混凝土在混凝土搅拌站集中拌制，然后通过混凝土搅拌运输车运至现场，如图 2-38 和图 2-39 所示。

图 2-36　自落式搅拌机

图 2-37　强制式搅拌机

图 2-38　混凝土搅拌站

图 2-39　混凝土搅拌运输车

为了保证混凝土密实性，混凝土在浇筑时边浇筑边振捣，主要用人工或机械振捣。人工振捣就是靠人力冲击使混凝土密实成型，一般在缺乏机械或机械不便工作时使用，如图 2-40 和图 2-41 所示。

图 2-40　混凝土浇筑现场

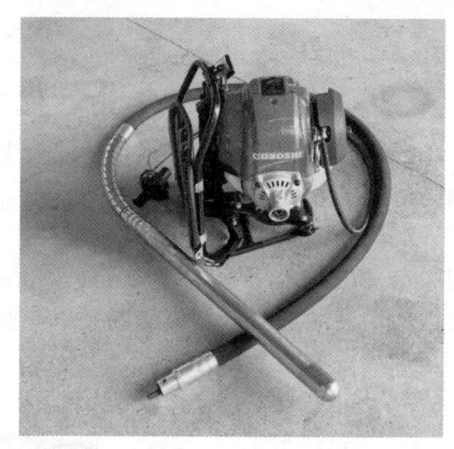

图 2-41　振捣棒

混凝土在浇筑成型后，逐渐凝结硬化，这个过程主要是水泥的水化作用，而水化必须要合适的温度和湿度条件才能进行。因此，为了保证混凝土有适宜的条件硬化，使其强度不断增长，必须对混凝土进行养护。国家标准还规定了混凝土的标准养护条件是温度（20±2）℃、相对湿度≥95%。混凝土的养护方法有标准养护、自然养护、加热养护、养生液养护、辐射热养护等，如图 2-42～图 2-44 所示，其中自然养护是最常用的方法。

② 砌筑工程

砌筑工程主要是指形成建筑垂直面围护的块体施工，如砖砌体施工、砌块砌体施工等，采用蒸压灰砂砖、粉煤灰砖、各种中小型砌块和石材等材料进行砌筑的工程，如图 2-45 和图 2-46 所示。

图 2-42　混凝土标准养护

图 2-43　混凝土自然养护

图 2-44　混凝土加热养护

图 2-45　多孔砖砌体

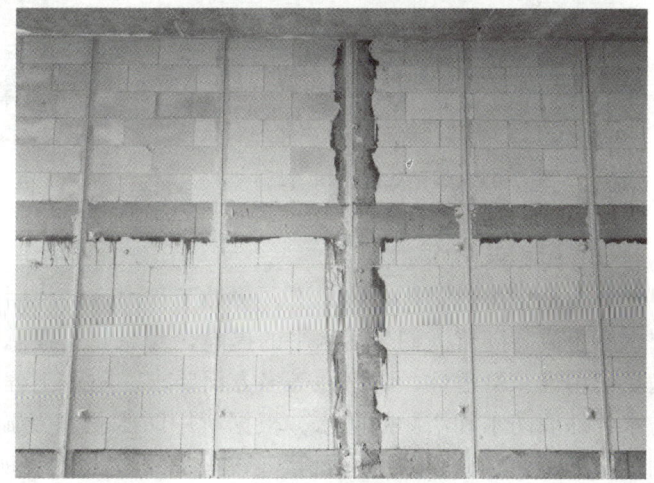

图 2-46　砌块砌体

③ 结构安装工程

结构安装工程主要指利用起重机械将预制构件或组合单元安放到设计位置的施工，又称吊装工程，其中装配式建筑施工是其核心内容。装配式建筑是指把传统建造方式中的大量现场作业工作转移至工厂进行，在工厂加工制作好建筑用的构配件（如楼板、墙板、梁、楼梯、阳台等），运输到施工现场，通过可靠的连接方式在现场装配安装而成的建筑，主要包括预制装配式混凝土结构、钢结构、现代木结构建筑等。因为采用标准化设计、工厂化生产、装配化施工、信息化管理、智能化应用，是现代工业化生产方式的代表。装配式建筑施工中常用的起重机械有塔式起重机、履带式起重机、汽车起重机等，都有各自的优缺点，需要吊装时，应分析实际工程情况结合设备的优缺点合理选择施工机械，如图2-47~图2-50所示。

图2-47　塔式起重机

图2-48　履带式起重机（一）

图2-49　履带式起重机（二）

图2-50　汽车起重机

（3）屋面及防水工程

屋面是指房屋结构主体最上一层的工程内容，由屋顶上部屋面板及其上面的所有构造层次所组成。随着人们生活水平的提高，对屋面工程总体质量的要求也越来越严格，需要满足耐用性、舒适性、防水性等多方面要求。防水工程除了有屋面防水外，还包括地下室防水、外墙防水和浴厕间防水。根据所用防水材料及施工做法，主要包括卷材防水屋面、刚性防水屋面、涂膜防水屋面等，如图2-51~图2-53所示。

（4）建筑装饰装修工程

建筑装饰装修工程是指建筑主体工程完成之后，依据设计要求对建筑实体的外立面及室内进行使用功能与美化功能的实施，根据装饰部位可分为外墙面与室内，其中室内又可细分为楼地面、顶棚、墙面、门窗、隔墙等，如图2-54~图2-57所示。

图 2-51　卷材防水屋面

图 2-52　刚性防水屋面

图 2-53　涂膜防水屋面

图 2-54　大理石楼地面

图 2-55　顶棚

图 2-56　真石漆墙面

图 2-57　隔墙

（5）建筑节能工程

建筑节能工程具体指在建筑物的规划、设计、新建（改建、扩建）、改造和使用过程中，执行节能标准，采用节能型的技术、工艺、设备、材料和产品，提高保温隔热性能和采暖供热、空调制冷制热系统效率，加强建筑物用能系统的运行管理，利用可再生能源，在保证室内热环境质量的前提下，减少供热、空调制冷制热、照明、热水供应的能耗。建筑节能工程包括：墙体节能工程（图 2-58）、幕墙节能工程、门窗节能工程、屋面节能工程（图 2-59）、地面节能工程、通风与空调节能工程、空调与采暖系统节能工程、监测与控制节能工程等。

图 2-58　外墙外保温

图 2-59　聚氨酯保温防水屋面

（6）水电安装工程

水电安装工程主要包括：给水、排水、消防、强电、综合布线、通风、防雷接地等系统。随着计算机技术的发展，水电工程建筑行业施工技术也发生了巨大变革，涌现了许多新技术，例如 BIM 技术。水电安装中存在大量的管线、网线而且分布错综复杂，使用传统技术难以有效呈现，使用 BIM 技术则可以直观显现各种管线位置。此外，还可以进行信息化管理，根据建筑物的现有条件进行管线布置并进行现场模拟，将设计方案的具体情况呈现在施工者和设计者面前；同时基于信息化模型进行检查和错误指正，进一步优化设计方案的正确性，提高安装成功的概率，有效降低返工的可能性，如图 2-60 和图 2-61 所示。

图 2-60　BIM 模型

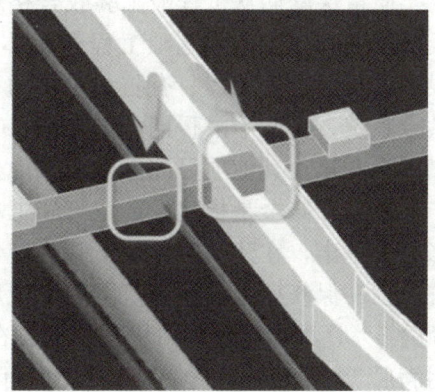

图 2-61　BIM 管线碰撞检查

（7）其他内容

建筑工程在建造过程中还需采取一定的管理方法与手段，在质量、安全、进度、成本等方面进行把控，如工地例会、专题会议、联系单变更与签证、安全与技术交底、安全大检查、隐蔽工程检查、中间验收等。

3. 竣工验收阶段

竣工验收阶段的主要内容为竣工验收、工程及资料移交、竣工结算、质量保修。

（1）竣工验收

施工单位按合同约定的施工任务全部完成并自检合格后，可向建设单位提交工程竣工报告（需总监理工程师签署意见），申请工程竣工验收。建设单位收到工程竣工报告后，对符合竣工验收要求的工程，组织勘察、设计、施工、监理和工程质量监督机构组成验收组，制定验收方案，在合同约定的时间内组织工程竣工验收。验收合格后，建设单位应当在 7 日内提出工程竣工验收报告（需参加单位签字盖章），并按规定向工程所在地县级以上人民政府建设行政主管部门备案。

（2）工程及资料移交

施工、监理等有关单位应将工程竣工资料按合同或协议约定的时间、套数，移交给建设单位，办理移交手续。凡列入城建档案馆接收范围的工程档案，竣工验收通过后 3 个月内，建设单位将汇总后的全部工程档案移交城建档案馆并办理移交手续。

（3）竣工结算

工程竣工结算是指施工单位所承包的工程按照合同规定的内容全部竣工并经建设单位和有关部门验收通过后，由施工单位根据施工过程中实际发生的变更情况，对原施工图报价或工程合同造价进行增减、调整、修正，编制工程竣工结算，提交建设单位，由建设单位委托的审计单位审查后，重新确定工程造价，并作为施工单位向建设单位办理工程价款清算的技术经济文件。

（4）质量保修

建筑工程质量保修是建筑工程在竣工验收交付使用后，在一定的期限内由承包人对工程发生的由施工原因造成的建筑使用功能不良或无法使用的问题，由承包人负责修理，直到达到正常使用的标准。

质量保修期从工程竣工验收合格之日起计算，在正常使用情况下，房屋建筑工程的最低保修期为：①地基基础工程和主体结构工程，为设计文件规定的该工程的合理使用年限；②屋面防水工程、有防水要求的卫生间、房间和外墙面的防渗漏，为5年；③供热与供冷系统，为2个采暖期、供冷期；④电气管线、给排水管道、设备安装为2年；⑤装修工程为2年。其他项目的保修期限由建设单位和施工单位约定。

质量保修金是指建设单位与施工单位在建设工程承包合同中约定或施工单位在质量保修书中承诺，在建筑工程竣工验收交付使用后，从应付的建设工程款中预留的用以维修建筑工程在保修期限和保修范围内出现质量缺陷的资金。一般工程质量保修金为工程结算总额的5%，具体比例可由承发包双方在施工合同和质量保修书中约定。发包人在质量保修期满后14日内，将剩余保修金返还承包人。

 # 综合考核

相对于其他产品的生产过程而言，建筑产品是固定的，而世界上没有完全相同的两块土地，所以建筑结构、规模、功能和施工工艺方法也是多种多样的，因此建筑产品没有完全相同的。不同的项目，建筑现场环境（如地理条件、季节、气候等）千差万别，对人员、材料、机械设备、设施、防护用品、施工技术等都有不同的要求。由教师统一安排或者学生自行联系工地进行参观学习。

成果：根据工地项目的进度，结合本节内容，介绍你参观的工程给你留下最深印象的是什么，并由此查阅相关资料，拓展认识，完成一份认识实习报告。

考核：教师根据报告完成质量进行考核。要求独立完成，报告内容图文并茂，字数1500字左右。

学习单元3

认知智能建造

Chapter **03**

学习背景

　　科技创新是实现新时代基础设施行业高质量发展的重要路径，而智能建造是其中关键一环。通过规范化建模、网络化交互、可视化认知、高性能计算以及智能化决策支持，实现数字链驱动下的工程设计、生产、施工、运维服务一体化集成与高效率协同，降低自然资源和人力资源消耗，降低生产成本、交易成本，提高建筑产品质量，更新拓展工程价值链，为工程建设增值，实现行业高质量发展。本节主要介绍智能建造的内涵和外延，智能建造对行业带来的革命。

任务导入

　　2022年5月25日，住房和城乡建设部印发《关于征集遴选智能建造试点城市的通知》，决定征集遴选部分城市开展智能建造试点，推动建筑业向数字设计、智能施工、建筑机器人等方向转型，通过打造智能建造产业集群，催生一批新产业、新业态、新模式。7月3日，住房和城乡建设部、国家发展和改革委员会、科学技术部等十三个部门联合印发《关于推动智能建造与建筑工业化协同发展的指导意见》，智能建造已经成为建筑行业发展的主要方向。如何全面了解和理解智能建造呢？我们需要了解它的产生和发展、组成和应用以及给行业带来的变化。

3.1 智能建造的产生

【知识导入】二十大报告中提出要推进新型工业化，加快建设制造强国、质量强国、航天强国、交通强国、网络强国、数字中国。结合我们目前的生活生产方式，你怎么看？

【知识内容】人类迄今为止已经经历了三次工业革命，从机械化到电气化，再到自动化，人们的生活生产方式发生了天翻地覆的变化，如今社会正处于"第四次工业革命"阶段，朝着智能化的方向发展。建筑业的发展与工业革命紧密相关，故随着时代的浪潮也进入了一个崭新的阶段——智能建造时代。

3.1.1 工业革命对建筑业带来的影响

第一次工业革命是 18 世纪 60 年代从英国开始的一场技术革命，从技术层面而言，这是一次巨大飞跃，它开启了一个以机器代替人工劳动、生产效率成倍提高的时代。不可否认，这不仅仅是一场技术变革，更是一场意义非凡的社会变革，如图 3-1 所示。

图 3-1　机器大生产

第二次工业革命开始于 19 世纪中期，由欧洲国家和美国、日本的资产阶级革命或改革完成。此次革命促进了经济发展，人类进入了"电气时代"，电力作为新能源取代蒸汽动力，内燃机作为一项新技术逐步取代蒸汽机，如图 3-2 所示。

第三次工业革命是 20 世纪四五十年代开始的以原子能技术、航天技术、电子计算机技术应用为代表的新科技革命，也包括高科技，如人工合成材料、分子生物学、遗传工程等，如图 3-3 所示。

图 3-2　第一辆汽车的诞生

图 3-3　世界上第一台通用计算机"ENIAC"

工业革命对建筑产生了深远的影响。一方面是生产方式、建筑工艺的发展，另一方面是新材料、新设备、新技术的不断涌现，为近代建筑的发展开辟了广阔的前途。正是这些新技术的应用，突破了传统建筑高度和跨度的局限，使建筑在平面和空间的设计上有了更大的自由度，同时对建筑形态的变化也产生了影响。这一点，尤其以钢材、混凝土、玻璃等在建筑中的广泛应用最为突出。

在古代建筑中，金属也会被用作建筑材料，而以钢铁作为主要材料大量应用于建筑结构则是从近代开始的。随着铸铁业的兴起，1775—1779 年第一座生铁桥（设计人：Abraham Darby）在英国塞文河上建造起来，1793—1796 年在伦敦又出现了更新式的单跨拱桥——桑德兰桥，全长达 236 英尺（72m）。在房屋建筑上，铁最初应用于屋顶，如 1786 年巴黎法兰西剧院建造的铁结构屋顶（设计人：Victor Louis）以及 1801 年英国曼彻斯特的萨尔福特棉纺厂（设计人：Watt and Boulton）的七层生产车间，这里铁结构首次采用了工字形的断面。另外，为了采光的需要，铁和玻璃两种建筑材料配合应用，在 19 世纪建筑中取得了巨大成就，如巴黎旧王宫的奥尔良廊（1829—1831，设计人：P. Fontaine），第一座完全以铁架和玻璃构成的巨大建筑物——巴黎植物园的温室（1833，设计人：Rouhault），而最著名的则是 1851 年建造的伦敦"水晶宫"，如图 3-4 所示。

图 3-4　伦敦"水晶宫"

1824 年，英国建筑工人 Joseph Aspdin 发明了水泥并取得了波特兰水泥的专利权。1849 年，法国园丁 Joseph Monier 将铁丝与混凝土结合制作花盆，解决了混凝土抗拉强度低的问题，并在 1867 年巴黎博览会上展示了他的新发明。钢筋混凝土的诞生，使一批现代化建筑拔地而起。1891 年美国芝加哥建造了 22 层楼房，1910 年美国纽约都会保险公司建造了高 213m 的 50 层大楼，1931 年美国纽约建造了高 380m 的 102 层"帝国大厦"，被人们誉为"摩天楼"，如图 3-5 所示。

20 世纪 60 年代计算机辅助设计（CAD）技术诞生，使传统的产品设计方法与生产模式发生了深刻的变化。设计中通常要用大量的计算、分析和比较不同的方案来确定最优方案，计算机可以辅助设计人员完成计算、信息存储和制图等工作。从 20 世纪 80 年代开始，各国相继开展了"甩图板运动"，CAD 技术在建筑工业化领域得到广泛应用，大大提高了建筑设计效率和标准化程度，从而降低了建筑设计成本。

图 3-5　纽约"帝国大厦"

3.1.2　"工业 4.0"时代

如果将第一、二、三次工业革命称为工业 1.0、工业 2.0 及工业 3.0，那么现在人类社会所处时期是"工业 4.0"（Industry 4.0），这个概念在 2013 年 4 月的德国汉诺威工业博览会上首次被提出，其目的是提高德国的工业竞争力，使其在新一轮工业革命中占领先机。随后德国政府将"工业 4.0"计划列入《德国 2020 高技术战略》中所提出的十大未来项目之一。"工业 4.0"旨在充分利用信息物理系统对人、机器、产品、系统等制造资源进行集成，通过物理生产与虚拟生产的深度融合和实时交互，实现从集中式控制向分散式生产过程的转变，从而促进制造业向智能化转型升级。德国"工业 4.0"战略一经提出便受到全球的广泛关注，各制造业大国陆续发布了自己的战略发展计划，例如，美国的"工业互联网计划"、我国的"中国制造 2025 计划"等。如今，"工业 4.0"这一术语已经成为人类历史上第四次工业革命的代名词，是继机械化、电气化及信息化之后的又一次大规模智能化浪潮，将对人类生产、生活方式产生深远的影响。如图 3-6 所示。

与前三次工业革命相比，"工业 4.0"存在着明显的不同之处。

①"工业 4.0"并不是由某一项革命性技术引发的，而是由一系列关键技术共同驱动的。以物联网、大数据、云计算、信息物理系统为代表的新一代信息技术与人工智能技术的深度融合与协同发展，为"工业 4.0"提供了良好的技术基础。②与前三次工业革命是在发生之后被观测到的不同，第四次工业革命是第一次在国家竞争战略需求的牵引下被事先预测到的工业革命。对我国而言，这是近代以来首次与西方发达国家站在同一起跑线上的一场竞争，因此紧紧把握住第四次工业革命，推动我国各项产业转型升级，是实现中华民族伟大复兴的重要历史机遇。③与前三次工业革命带来了高污染、高能耗相比，"工业 4.0"的目标是建立一个可持续的生产系统，这样才能使企业的长期竞争力提高，如图 3-7 所示。所谓的"可持续性"，指的是"在不损害下一代能力的前提下，满足当前需求的发展"，其包含"社会、经济和环境"这三个维度。"工业 4.0"致力于整合现有的生产资源与生产过程，创造可持续的工业的价值，进而推动人类社会从工业文明向生态文明迈进。

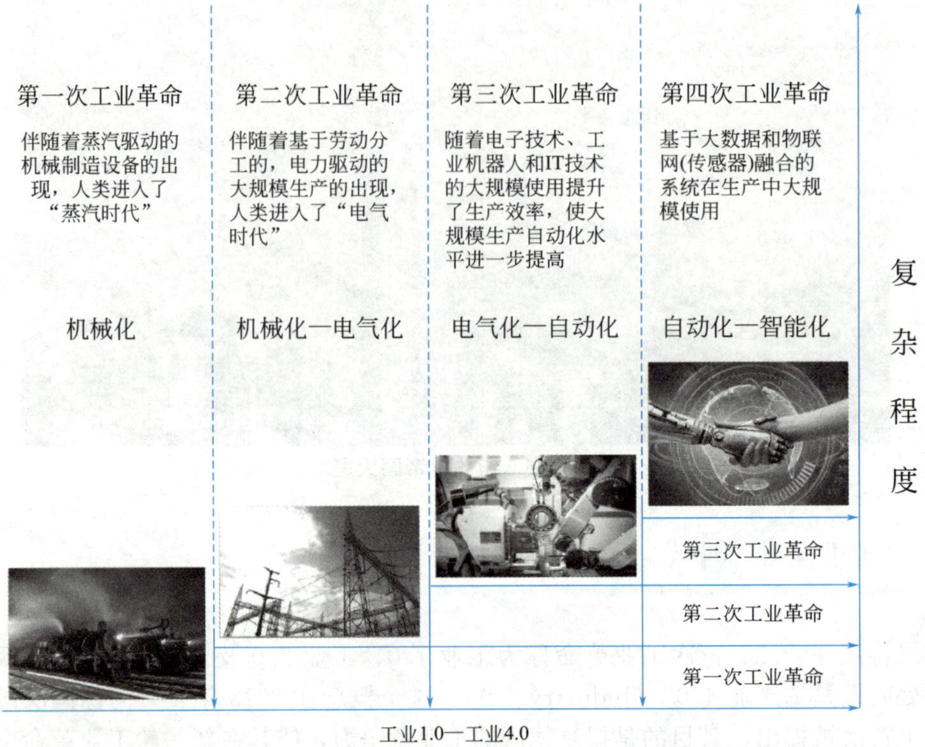

第一次工业革命

伴随着蒸汽驱动的机械制造设备的出现，人类进入了"蒸汽时代"

机械化

第二次工业革命

伴随着基于劳动分工的，电力驱动的大规模生产的出现，人类进入了"电气时代"

机械化—电气化

第三次工业革命

随着电子技术、工业机器人和IT技术的大规模使用提升了生产效率，使大规模生产自动化水平进一步提高

电气化—自动化

第四次工业革命

基于大数据和物联网(传感器)融合的系统在生产中大规模使用

自动化—智能化

复杂程度

第三次工业革命

第二次工业革命

第一次工业革命

工业1.0—工业4.0

图 3-6　工业革命发展历程

图 3-7　传统工业高污染、高能耗

3.1.3　智能建造时代

　　工业制造历经了机械化、电气化、自动化，正在智能化的路上蓬勃发展，即从工业1.0到工业 4.0。工程建造领域的发展道路也是如出一辙。要实现智能建造，需满足的条件如图 3-8 所示。

图 3-8　实现智能建造需满足的条件

　　智能建造的支撑技术包括"工业 4.0"背景下的 BIM、物联网、大数据、云计算、数字孪生、VR（虚拟现实技术，即 Virtual Reality）、AR（增强现实，即 Augmented Reality）、SOA（面向服务的架构，即 Service-Oriented Architecture）、MAS（移动代理服务器，即 Mobile Agent Server）等新一代信息技术与人工智能技术，需要分析各项支撑技术对智能建造模式的赋能作用，并揭示不同技术在建筑施工领域的耦合关系与集成发展趋势，如图 3-9 所示。

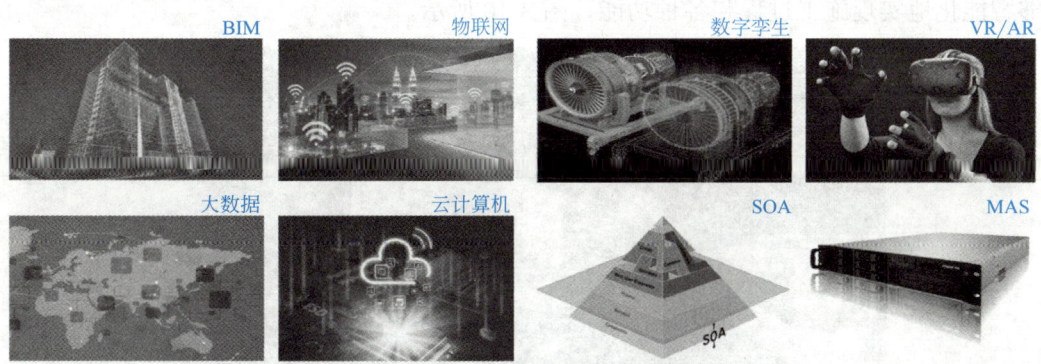

图 3-9　"工业 4.0"新兴技术

　　推进智能建造不仅是一项非常复杂的系统工程，还是一个实践性要求极强的复杂工程，需要我们在实践中不断探索。智能建造对降低劳动强度，改善作业条件，最大限度地减少现场工作量，提高工作效率具有重大作用。目前，中国的建筑业已成为我国十大竞争优势行业之一，建筑行业内的信息化水平已得到普及，"一带一路"倡议给我国建筑业的可持续发展提供了广泛空间。可以说我国推进智能建造的条件已经成熟。

3.1.4　智能建造的概念

丁烈云院士提到，所谓智能建造，是新一代信息技术与工程建造融合形成的工程建造创新模式，即利用以"三化"（即数字化、网络化和智能化）和"三算"（即算据、算力、算法）为特征的新一代信息技术，在实现工程建造要素资源数字化的基础上，通过规范化建模、网络化交互、可视化认知、高性能计算以及智能化决策支持，实现数字链驱动下的工程立项策划、规划设计、施（加）工生产、运维服务一体化集成与高效率协同，不断拓展工程建造价值链、改造产业结构形态，向用户交付以人为本、绿色可持续的智能化工程产品与服务。

肖绪文院士提出，智能建造是面向过程产品全生命期，实现泛在感知条件下的信息化建造，即根据过程建造要求，通过智能化感知、人机交互、决策实施，实现立项过程、设计过程和施工过程的信息、传感、机器人和建造技术的深度融合，形成在基于互联网信息化感知平台的管控下，按照数字化设计要求，在既定的时空范围内通过功能互补的机器人完成各种工艺操作的建造方式。

毛志兵解释说，所谓智慧建造，是在设计和施工建造过程中，采用现代先进技术手段，通过人机交互、感知、决策、执行和反馈，提高效率和品质的工程活动。

刘占省认为，从内涵讲，智能建造是结合全生命周期和精益建造理念，利用先进的信息技术和建造技术，对建造的全过程进行技术和管理的创新，实现建设过程数字化、自动化向集成化、智慧化的变革，进而实现优质、高效、低碳、安全的工程建造模式和管理模式。但是，智能建造的概念不是一成不变的，随着人工智能、VR、5G、区块链等新兴信息技术的涌现并应用至工程实践，将会产生更多创新应用成果，不断丰富智能建造的内涵。

综上，智能建造的含义主要有：

① 智能施工基于工程信息平台，集成建筑工程项目各种相关信息的工程数据模型，能够智能化地实现施工过程和各种功能，图 3-10 所示。

图 3-10　工程信息平台

② 智能建造通过对多项先进技术的互联、集成，把解决建设工程项目各阶段的重难点以及满足业主方的需求作为主要目标。

③ 智能建造是推动建筑业数字化转型的重要途径。随着经济结构模式不断优化，传统的依靠钢筋混凝土等资源消耗、环境污染和劳动密集型的建造模式面临着转型升级的压力，智能建造作为新型现代化的建造模式，是建筑行业实现发展的必经之路。

历史机遇
——
工业4.0

 **综合考核**

通过查阅国内外智能建造相关的文献或者经过求证的、公开报道的新技术（图片、视频、文字报道均可），选定其中 2～3 种，将其概念、原理、应用案例以及未来的发展方向或是前景整理成文字稿。让同学们开阔视野，对我国智能建造的未来充满信心，并深层次地思考"面对第四次工业革命的挑战，中国准备好了吗？中国的创新是否能承担这样的重任？"

分组：班级同学分组，4～6 人为一组。

成果：一篇综述性质的报告，要求图文并茂，排版格式规范，字数不限。

考核：在班级群投票打分占 40%，教师根据完成质量打分占 60%。

3.2 智能建造的发展背景

【知识引入】据多家媒体报道，2007年建筑业一线作业人员平均年龄为33.2岁，2017年为43.1岁，10年时间平均年龄增加了10岁。愿意从事建筑行业的年轻人越来越少了，建筑工地上的工人在变老，这已经是行业现状。

【知识内容】近些年来，很多发达国家对于建筑业的智能化升级制定了相关战略，我国也相继出台了一系列政策，这恰恰也反映了传统的建筑业已经不符合时代发展的要求，作为我国支柱产业之一，建筑业必须转型升级。

3.2.1 国外智能建造发展状况

美国在2007年时就规定，所有重要工程项目都要使用BIM技术，通过使用信息技术实现低碳绿色发展，并在2017年发布了《美国基础设施重建战略规划》，重点关注建设进程。

新加坡是BIM处理与审查建筑全生命周期项目文件应用最早的国家之一。审查包括城市设计审查、建筑设计审查、结构设计审查、临时施工许可、消防安全、法令完成证书、定期结构检查等。2010年，新加坡公共工程全面要求设计施工应导入BIM。2015年，开始要求以BIM进行所有的公私建筑工程建设。

英国推出了《英国建造2025》战略，发展目标是降低成本、提高效率、减少排放、增加出口，该战略的一个创新之处是成立了建设领导委员会，该委员会的工作主题主要包括三个方面：①在工作方式数字化方面，通过提升BIM在建筑业中的应用程度，达到更好的工作效果；②增加装配式建筑的比例和建筑构件异地制造的比例，以提高生产率、质量和安全性；③促进使用新一代智能技术，使其能够帮助建筑企业从新资产和现有资产中获得更多收益。

日本制定了"i-Construction"战略，为建筑企业和建筑行业制定了发展目标，着力提升建筑产品的品质、安全和效益。具体目标为：2025年将建筑工地的生产率提高20%，2023年将由内因造成的事故降为0，并实现建造生产过程与三维数据全面结合。

德国于2015年发布了《数字化设计与建造发展路线图》，提出了工程建造领域的数字化设计、施工和运营的改革路径。其核心内容是通过发展BIM技术，不断优化设计精度和成本控制；同时，在工业4.0的背景下大力推进建筑业数字化升级，在建筑领域促进工业化与信息化的深度融合。

3.2.2 我国建筑业转型升级的必要性

2020年9月，中国在第75届联合国大会上宣布，力争2030年前二氧化碳排放达到峰值，2060年前实现碳中和。从《中共中央 国务院完整准确全面贯彻新发展理念做好碳达峰碳中和工作的意见》及《国务院关于印发 2030 年前碳达峰行动方案的通知》内容中可以看出，实现"双碳"目标的核心是调整优化能源结构。二十大报告中提出，我们要推进美丽中国建设，坚持山水林田湖草沙一体化保护和系统治理，统筹产业结构调整、污染治理、生态保护、应对气候变化，协同推进降碳、减污、扩绿、增长，推进生态优先、节约集约、绿色低碳发展。建筑行业作为与工业、交通并列的三大高耗能领域之一，产业链长、能耗高、排放大，作为我国的支柱产业，实现绿色低碳发展的关键就在于此，如图 3-11 所示。

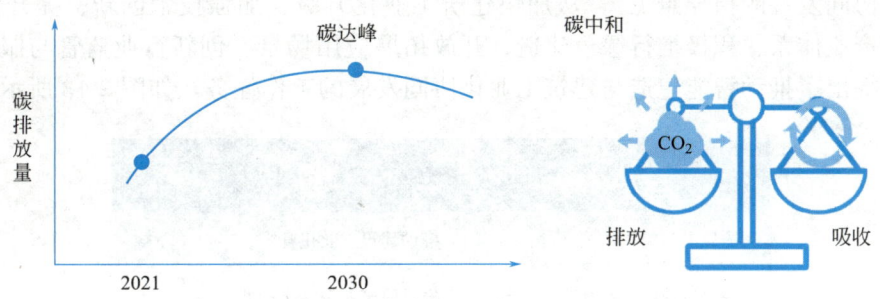

图 3-11　"碳达峰"和"碳中和"

另外，我国虽然是建造大国，但还不是建造强国。分散的、低水平的、低效率的粗放式手工业生产方式造成了产品性能欠佳、资源浪费较大、安全问题突出、环境污染严重和生产效率较低等一系列问题；同时，社会经济发展的新需求使得工程建造活动越来越复杂，建筑行业亟待转型升级。我国工业、物流、交通等行业已经逐步走向智能化的道路，智能化应用也不少。而作为传统行业的建筑业，传统模式积累的问题和矛盾日益突出，如图 3-12 所示。

双碳背景下建筑业为何亟需转型？

图 3-12　建筑业现状

3.2.3 我国智能建造的政策导向

中国科学院第十九次院士大会、中国工程院第十四次院士大会指出：世界正在进入以信息产业为主导的经济发展时期。我们要把握数字化、网络化、智能化融合发展的契机，以信息化、智能化为杠杆培育新动能。

2020年7月3日，住房和城乡建设部等十三部门联合印发了《关于推动智能建造与建筑工业化协同发展的指导意见》，从加快建筑工业化升级、加强技术创新、提升信息化水平、培育产业体系、积极推行绿色建造、开放拓展应用场景、创新行业监管与服务模式7个方面，提出了推动智能建造与建筑工业化协同发展的工作任务，如图3-13所示。

重点	目标
大力发展装配式建筑	推动建筑工业化升级
加快打造建筑产业互联网平台	推进建筑业数字化转型
积极推广应用建筑机器人	促进建筑业提质增效
加强示范应用	提升智能建造与建筑工业化协同发展整体水平

图 3-13 协同发展工作任务

2020年7月15日，住房和城乡建设部发布《绿色建筑创建行动方案》，指出：到2022年，当年城镇新建建筑中绿色建筑面积占比达到70%，星级绿色建筑持续增加，既有建筑能效水平不断提高，住宅健康性能不断完善，装配化建造方式占比稳步提升，绿色建材应用进一步扩大，绿色住宅使用者监督全面推广，人民群众积极参与绿色建筑创建活动，形成崇尚绿色生活的社会氛围。

2020年8月28日，住房和城乡建设部等部门发布《关于加快新型建筑工业化发展的若干意见》（以下简称《意见》），旨在全面贯彻新发展理念，推动城乡建设绿色发展和高质量发展，以新型建筑工业化带动建筑业全面转型升级，打造具有国际竞争力的"中国建造"品牌。《意见》提出加强系统化集成设计，优化构件和部品部件生产，推广精益化施工，加快信息技术融合发展，创新组织管理模式，强化科技支撑，加快专业人才培育，开展新型建筑工业化项目评价。

2021年3月16日，住房和城乡建设部办公厅印发了《绿色建造技术导则（试行）》，明确了绿色建造的总体要求、主要目标和技术措施，是当前和今后一个时期指导绿色建造工作、推进建筑业转型升级和城乡建设绿色发展的重要文件。

2021年7月28日，住房和城乡建设部发布《关于印发智能建造与新型建筑工业化协同发展可复制经验做法清单（第一批）的通知》，指出：各地围绕数字设计、智能生产、智能施工等方面积极探索，推动智能建造与新型建筑工业化协同发展取得较大进展，主要举措如图3-14所示。

2022年1月19日，住房和城乡建设部发布《"十四五"建筑业发展规划》，在加快智

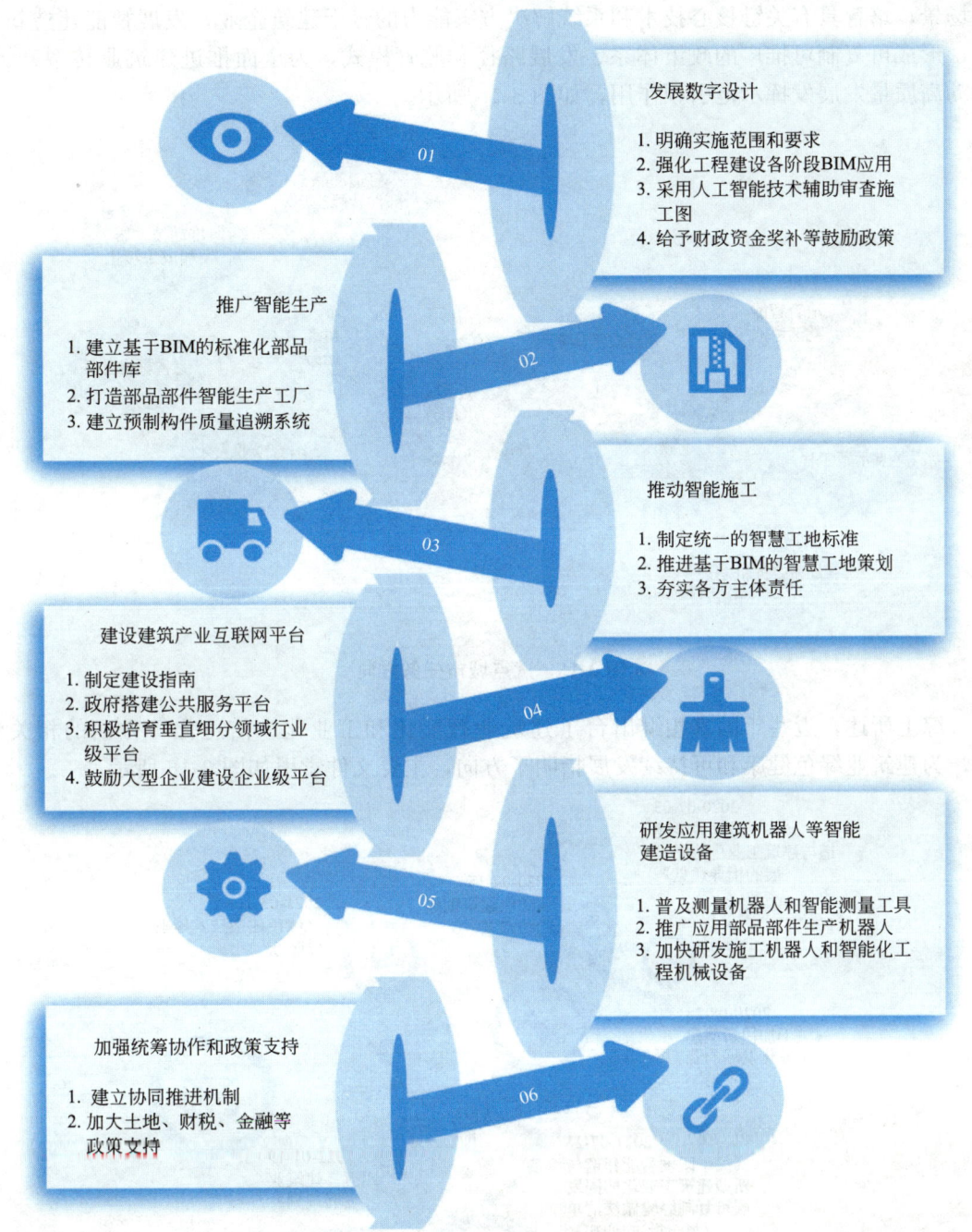

发展数字设计

1. 明确实施范围和要求
2. 强化工程建设各阶段BIM应用
3. 采用人工智能技术辅助审查施工图
4. 给予财政资金奖补等鼓励政策

推广智能生产

1. 建立基于BIM的标准化部品部件库
2. 打造部品部件智能生产工厂
3. 建立预制构件质量追溯系统

推动智能施工

1. 制定统一的智慧工地标准
2. 推进基于BIM的智慧工地策划
3. 夯实各方主体责任

建设建筑产业互联网平台

1. 制定建设指南
2. 政府搭建公共服务平台
3. 积极培育垂直细分领域行业级平台
4. 鼓励大型企业建设企业级平台

研发应用建筑机器人等智能建造设备

1. 普及测量机器人和智能测量工具
2. 推广应用部品部件生产机器人
3. 加快研发施工机器人和智能化工程机械设备

加强统筹协作和政策支持

1. 建立协同推进机制
2. 加大土地、财税、金融等政策支持

图 3-14 协同发展举措

能建造与新型建筑工业化协同发展方面，主要包括完善智能建造政策和产业体系，夯实标准化和数字化基础，推广数字化协同设计，大力发展装配式建筑，打造建筑产业互联网平台，加快建筑机器人研发和应用，推广绿色建造方式。

2022年5月25日，住房和城乡建设部发布《关于征集遴选智能建造试点城市的通知》，旨在加快推动建筑业与先进制造技术、新一代信息技术的深度融合，拓展数字化应用场景，培育具有关键核心技术和系统解决方案能力的骨干建筑企业，发展智能建造新产业，形成可复制可推广的政策体系、发展路径和监管模式，为全面推进建筑业转型升级、推动高质量发展发挥示范引领作用，如图 3-15 所示。

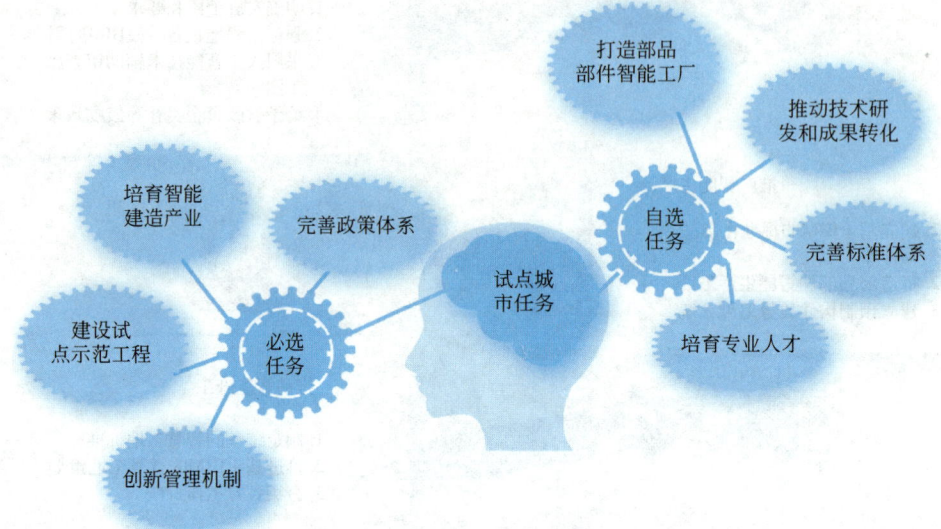

图 3-15　试点城市任务方向

综上所述，近些年国家相继出台了建筑业智能化和工业化、信息化等方面的相关政策，为建筑业绿色健康和可持续发展指明了方向，主要文件索引如图 3-16 所示。

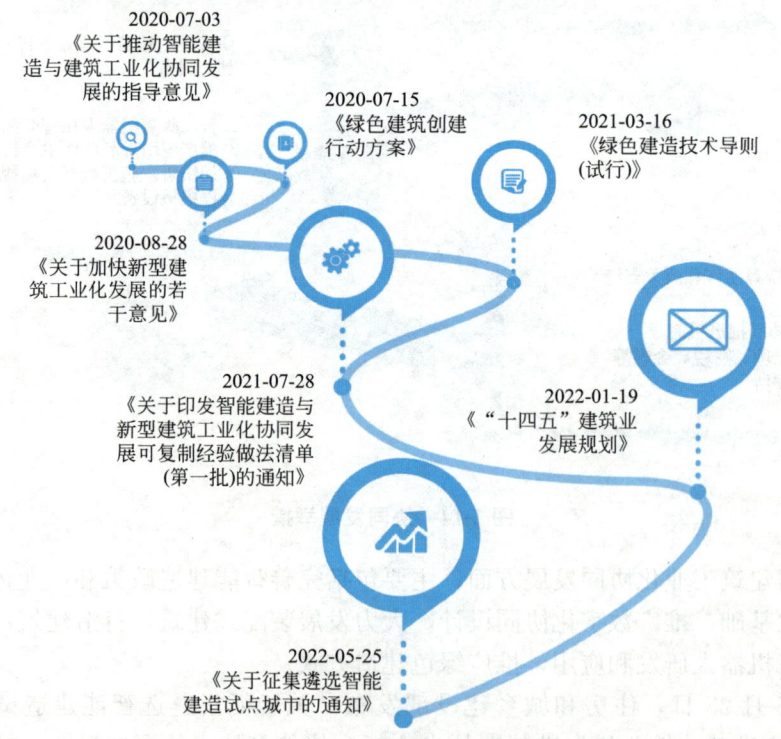

图 3-16　智能建造相关政策

综合考核

通过系统学习国家层面关于智能建造的相关文件，请同学们查阅自己家乡所在省份及城市关于智能建造的政府指导性文件，并总结要点，要点包括但不限于文件名、发布时间、主要内容摘要等，同时走访自己家乡所在省份及城市关于智能建造的工程案例并写一篇报告。

成果：政策指导性文件核心内容摘要及一篇案例报告，字数不限、排版格式规范。

考核：教师根据学生完成任务的质量进行打分。

3.3 智能建造在工程中的应用

【知识引入】智能建造是指在建造过程中充分利用智能技术和相关技术，通过应用智能化系统，提高建造过程的智能化水平，减少对人的依赖，达到安全建造的目的，提高建筑的性价比和可靠性。本节主要介绍智能建造在工程中的应用。

【知识内容】智能建造重点应用在建筑设计、生产、施工、运维等领域，借助物联网、大数据、BIM 等先进的信息技术，实现全产业链数据集成，为全生命周期管理提供支持，如图 3-17 所示。智能建造在这些领域中是如何应用的呢？

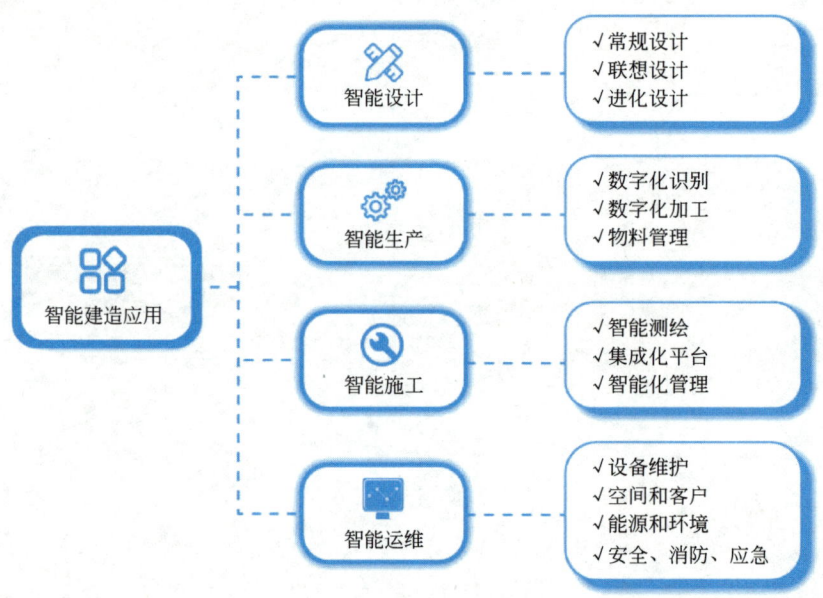

图 3-17　智能建造应用领域

3.3.1　智能设计

20 世纪初期，我们引进国外先进的智能建筑设计技术，并广泛应用于工程，取得了良好效果与外界一致好评。

1. 智能设计的概念

智能设计是指应用现代信息技术，采用计算机模拟人类的思维活动，提高计算机的智能水平，从而使计算机能够更多、更好地承担设计过程中各种复杂任务，成为设计人员的重要辅助工具，如图 3-18 所示。从目前的趋势看，很明显人工智能掌握着设计行业未来的关键。

2. 智能设计的层次

智能设计按设计能力可以分为三个层次：常规设计、联想设计和进化设计。

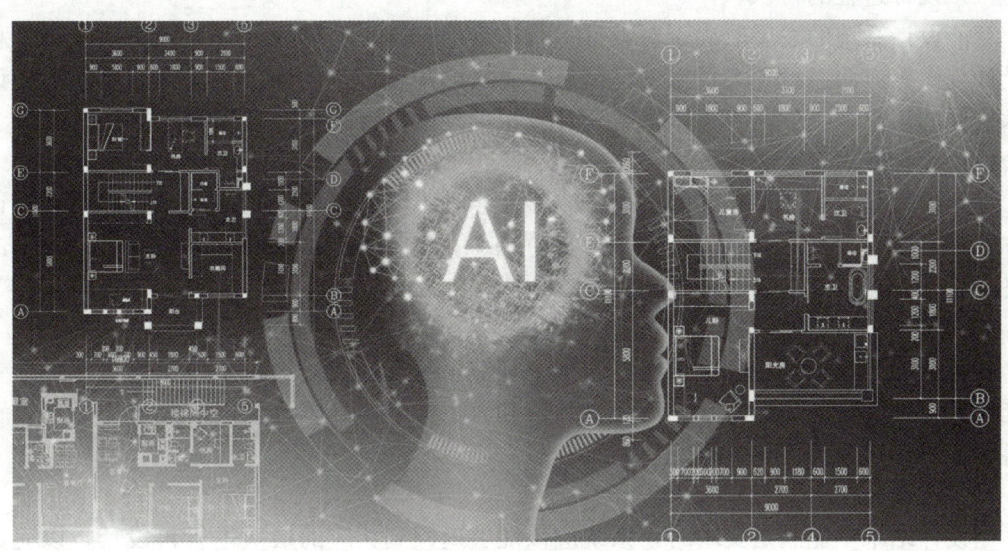

图 3-18　智能设计场景

（1）常规设计

常规设计，即设计属性、设计进程、设计策略已经规划好，智能系统在推理机的作用下，调用符号模型（如规则、语义网络、框架等）进行设计。这类智能系统常常只能解决定义良好、结构良好的常规问题，故称常规设计。

（2）联想设计

联想设计可分为两类：一类是利用工程中已有的设计事例，进行比较，获取现有设计的指导信息，这需要收集大量良好的、可对比的设计事例；另一类是利用人工神经网络数值处理能力，从试验数据、计算数据中获得关于设计的隐含知识，以指导设计。这类设计借助于其他事例和设计数据，实现了对常规设计的一定突破，称为联想设计。

（3）进化设计

遗传算法是一种借鉴生物界自然选择和自然进化机制的、高度并行的、随机的、自适应的搜索算法，通过进化策略进行智能设计。遗传算法是根据设计方案或设计策略编码为基因串，形成设计样本的基因种群，然后基于设计方案评价函数，决定种群中样本的优劣和进化方向。20 世纪 80 年代早期，遗传算法已在人工搜索、函数优化等方面得到广泛应用，并推广到计算机科学、机械工程等多个领域。

3. 智能设计的关键技术

智能设计的关键技术如图 3-19 所示。

图 3-19　智能设计的关键技术

（1）设计过程的再认识

智能设计系统的发展取决于对设计过程本身的理解。尽管人们在设计方法、设计程序和设计规律等方面进行了大量探索，但从计算机的角度看，设计方法学还远不能适应设计技术发展的需求，仍然需要探索适合于计算机处理的设计理论和设计模式。

（2）设计知识表示

设计过程是一个非常复杂的过程，它涉及多种不同类型知识的应用，因此单一知识表示方式不足以有效表达各种设计知识。建立有效的知识表示模型和有效的知识表示方式，始终是设计专家系统成功的关键。

（3）多专家系统协同技术

较复杂的设计过程一般可分解为若干个环节，每个环节对应一个专家系统，多个专家系统协同合作、信息共享，并利用模糊评价和人工神经网络等方法以有效解决设计过程多学科、多目标决策与优化的难题。

（4）再设计与自学习机制

当设计结果不能满足要求时，系统应该能够返回到相应的层次进行再设计，以完成局部和全局的重新设计任务；同时，可以采用归纳推理和类比推理等方法获得新的知识，总结经验，不断扩充知识库，并通过自学习达到自我完善。

（5）多种推理机制的综合应用

智能设计系统中，除了演绎推理外，还应该包括归纳推理、基于实例的类比推理、各种基于不完全知识的模糊逻辑推理方式等。上述推理方式的综合应用，可以博采众长，更好地实现设计系统的智能化。

（6）智能化人机接口

良好的人机接口对智能设计系统是十分必要的，对于复杂的设计任务及设计过程中的某些决策活动，在设计专家的参与下，可以得到更好的设计效果，从而充分发挥人与计算机各自的长处。

智能设计的发展与CAD的发展联系在一起，在CAD发展的不同阶段，设计活动中智能部分的承担者是不同的。传统CAD系统只能处理计算型工作，设计智能活动是由人类专家完成的。在ICAD（即智能计算机辅助设计）阶段，智能活动由设计型专家系统完成，但由于采用单一领域符号推理技术的专家系统求解问题能力的局限，设计对象的规模和复杂性都受到限制，这样ICAD系统完成的产品设计主要还是常规设计，不过借助于计算机的支持，设计的效率大大提高。而在面向CIMS（即计算机集成制造系统）的ICAD，由于集成化和开放性的要求，智能活动由人机共同承担，这就是人机智能化设计系统，它不仅可以胜任常规设计，而且还可支持创新设计。因此，人机智能化设计系统是针对大规模复杂产品设计的软件系统，是面向集成的决策自动化，是高级的设计自动化。

3.3.2 智能生产

1. 智能生产概述

智能生产，主要是基于物联网、BIM技术和3D打印等技术来完成的，技术发展的成熟度和在实际施工过程中的适用性决定了智能生产能否在建筑建造过程中得以实现。物联网在智能生产中的作用是信息搜集和信息传输，其核心是 RFID 技术（即射频识别，Radio Frequency Identification）。BIM 技术是智能生产的"神经中枢"，在施工过程中，可实现对项目的设计、施工进度和成本等多维度的信息模拟，足以满足建筑建造中智能生产的需求。与传统建造方式相比，智能生产在技术性角度上，具有较高的先进性，缩短了建造周期，节省大量施工阶段的人工成本。

2. 智能生产的特征

① 生产现场无人化，真正做到"无人"工厂。

② 生产数据可视化，利用大数据分析进行生产决策。

③ 生产设备网络化，实现车间"物联网"。

④ 生产文档无纸化，实现高效、绿色制造。

⑤ 生产过程智能化，智能工厂的"神经"系统。

3. 智能生产的框架与技术平台

（1）智能工厂的框架结构

实现智能生产，必须依托智能工厂的合理架构。在自动化工厂基础上，建立一个能够实现智能排产、智能生产协同、设备智能互联、资源智能管控、质量智能控制、支持智能决策等功能的高度灵活的个性化、数字化、智能化的产品与服务生产系统，贯穿产品的原料采购、设计、生产、销售、服务全生命周期。

智能工厂的框架主要分为五层架构，如图 3-20 所示。

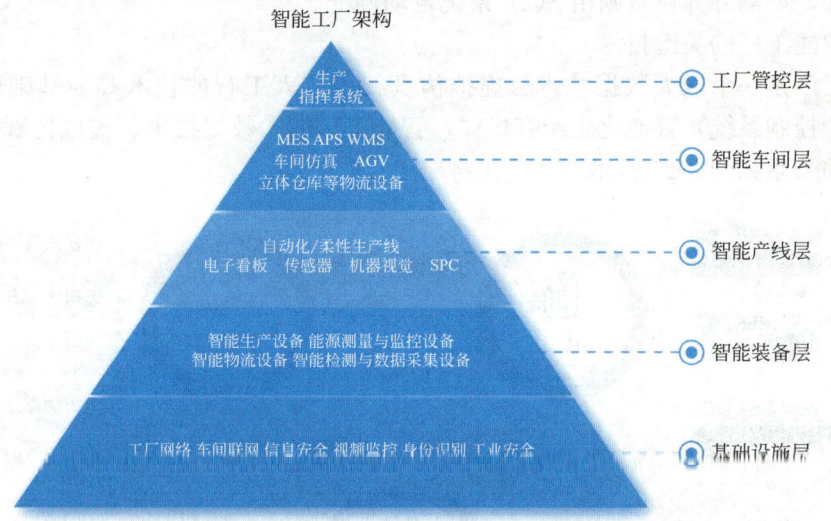

图 3-20　智能工厂五层架构

第一层（基础设施层）：包括工业生产的各类设备、传感器、PLC 控制、传输网络以及物联网网关等，是工厂最底层加工单元。主要完成数据的采集、转换、收集、处理和计算以及必要的控制。通过统一的接口，按照传输协议（比如工业以太网传输协议）连接到工业监测、控制、执行系统中。

第二层（智能装备层）：设备监测控制系统，比如 HMI（人机接口，也叫人机界面）、DNC（分布式数控）、SCADA（数据采集与监测控制系统）等。HMI 是系统和用户之间进行交互和信息交换的媒介，实现信息的内部形式与人类可以接受的形式之间的转换。SCADA 是以计算机为基础的 DCS 与电力自动化监控系统，可以对现场的运行设备组网进行监测和控制，以实现数据采集、设备控制、测量、参数调节以及各类信号报警等功能。

第三层（智能产线层）：由 MES（制造执行系统）、MOM（制造运营管理）等满足不同工业需求的生产执行系统构成，负责拿到任务并进行任务的分配与过程执行。在这个过程中，需要通过网络和各类接口，向控制层系统或基础层设备请求所需要的各种参数、变量、状态和数据，反向控制指令的原理一样。其技术基础是与现场设备进行通信，实现数据的自动化采集甚至智能采集以及反向控制。

第四层（智能车间层）：包括 PLM（产品生命周期管理）、ERP（企业资源计划）、SCM（供应链管理）、CRM（客户关系管理）等上层系统。其中，PLM 负责产品从研发到报废的"全生命周期管理"，ERP 负责企业内部资源的配置和协调，SCM 负责企业资源和外部的对接，CRM 负责促进企业和消费者的沟通。

第五层（工厂管控层）：经过层层数据的采集、处理、存储、分析、利用，最终能够为商业决策层提供精益的数据基础。商业决策层将企业中现有的数据进行有效整合，快速准确地提出决策依据，帮助企业做出明智的业务经营决策。

通过以上五层架构的打通，能够打破数据孤岛，使得智能工厂从设计、制造、安装、运维到服务的所有环节都被打通。PLM 的设计数据直接进入 ERP 系统，ERP 系统立即调配工厂资源，如需外界供货则由 SCM 系统自动调配。

（2）智能工厂的关键技术

智能工厂是一个以大数据技术、虚拟仿真技术、人工智能技术等为基础构建的 PCS 系统（生产控制系统）智能化生产有机体，智能工厂的大数据技术、虚拟仿真技术、实体工厂之间的关系如图 3-21 所示。

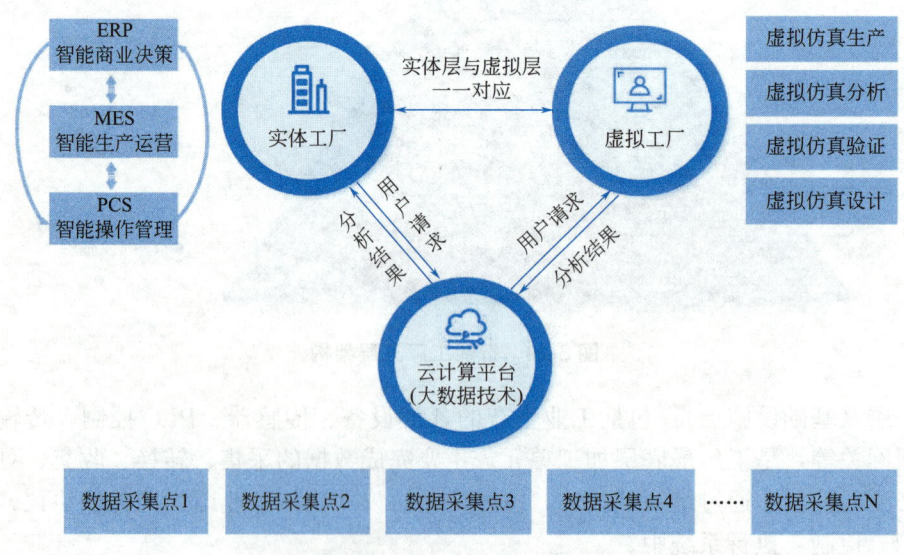

图 3-21　智能工厂的关键技术

① 大数据技术

智能工厂在其运行过程中会产生大量的结构化、半结构化、非结构化的确定性和非确定性数据。大数据技术贯穿了整个智能工厂和智能制造体系，为各模块的数据采集、分析、使用等提供了解决方案。

A. 数据采集技术

制造业在正常生产中会产生和需要多种数据，一部分包括需要实时采集的动态数据，另一部分包括储存在数据库中的静态数据。智能工厂数据分类如图 3-22 所示。

数据类型	具体数据	数据来源
动态数据	生产计划、设备运行参数、产品加工状态参数、产品工序实时加工参数、在制品数量、生产环境参数、库存数量等	智能传感器、智能机床、机器人、AGV 等
静态数据	人员和设备基础信息、供应商和客户信息、产品模型和生产环境标准参数、生产工艺指导参数、设备校正标准参数等	生产系统数据库

图 3-22　智能工厂数据分类

数据采集是建设智能工厂的第一步，其关键是对动态数据的采集。目前主要的数据采集技术有 RFID 技术、条码识别技术、视音频监控技术等，这些先进技术的载体则主要是传感器、智能机床和机器人等。

B. 数据传输技术

现有的数据传输方式主要分为有线传输和无线传输。有线网络传输的发展比较完善，但有线传输方式不适合工厂内移动终端设备的连接需求。目前无线传输方式主要有：ZigBee、Wi-Fi、蓝牙、超宽频 UWB 等。RFID 技术也是无线传输的一种，目前在制造业中已有广泛应用，如制品管理、质量控制等。但无线传输可靠性差、传输速率低，同时受困于频谱资源。数据传输可靠性是智能工厂顺利运行的保障。

C. 数据分析技术

智能工厂中对设备控制与维护、生产过程监控等的判断都基于数据分析，大数据分析技术将智能工厂运行中采集到的数据转化为信息，这对工厂的智能化建设具有重要意义。数据分析后以何种形式呈现也会直接影响到用户服务体验，而可视化技术将极大地帮助解决该问题。可视化技术根据使用要求可以分为文本可视化、网络可视化、时空数据可视化、多维数据可视化等。

② 虚拟仿真技术

通过虚拟仿真技术可实现产品设计、产品仿真、生产运行仿真、三维工艺仿真、三维可视化工艺现场、市场模拟等流程的数字化管理，构建虚拟工厂。通过虚拟仿真技术建立的数字几何模型，对多种施工方案展开模拟、验证、对比、优化，有助于最终找到最优的施工方法。

（3）人工智能技术

在人工智能技术的配合下，人机之间可实现互联互通、互相协作的关系，使得机器智能和人的智能真正集成在一起。人工智能主要体现在计算智能、认知智能、感知智能三个方面。大数据技术、核心算法是助推人工智能的关键因素，驱动人工智能从计算智能向更高层的认知智能、感知智能发展。人工智能技术的技术范围主要包括计算机视觉、智能机器人、自然语言处理、机器学习、边缘智能、平台技术等模块。

4. 智能生产主要工作内容

（1）数字化扫描

以预制构件为研究对象，在构件生产厂内，对预制梁、预制叠合板、预制墙板的模具和构件进行抽样扫描。确定实施流程包括外业扫描和内业数据处理两部分。外业扫描是指用 3D 激光扫描仪分别对模具和构件进行扫描，获取数据。根据模具使用次数和构件产出数量，确定外业扫描的频率。内业数据处理是指经过三维建模、点云建模、点云比对分析和制图等过程，得出模具变形情况，以及构件尺寸偏差。

具体流程如下：

① 模具扫描。现场踏勘及确定扫描方式：针对模具不同的形状和使用需求，确定扫描需要的站数，以扫描站数少为宜。现场观察模具和构件摆放，确定扫描方式和是否需要标靶球。如图 3-23 和图 3-24 所示。

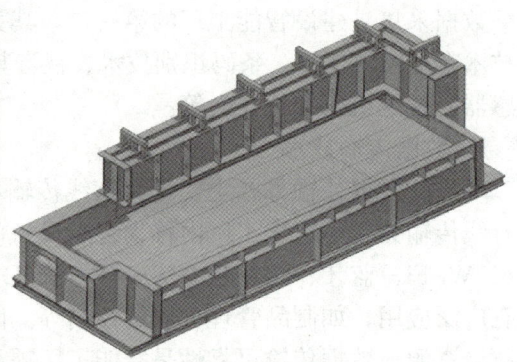

图 3-23　模具扫描场景

② 构件扫描。构件的外业扫描方式与模具扫描作业方式相同。例如，对于梁，每套模具生产的梁为分离的两部分，分别对其进行扫描；对于叠合板，由于放置原因，数据采集区域为叠合板的侧面，采集同一套模具生产出的叠合板；对于预制墙板，由于存放时为竖向放置，数据采集区域为墙板的内外两侧，采集同一套模具生产出的墙板。如图 3-25 所示。

③ 数据处理和分析。基本流程如图 3-26 所示。

分别对梁、叠合板、内墙板模具以及梁、叠合板、内墙板构件，选取有代表性的几组数据进行分析，导出点云模型。如，根据梁模具的标准尺寸建立初始梁模具模型。对外业扫描数据导出整理，生成梁模具点云模型，如图 3-27 所示。将两个模型进行叠加对比分析，即可得出实测模具的变形情况。

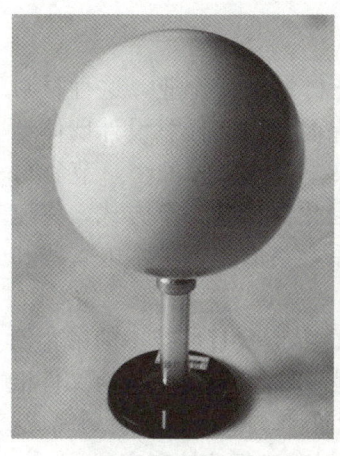

图 3-24　设置标靶球

图 3-25　构件扫描场景

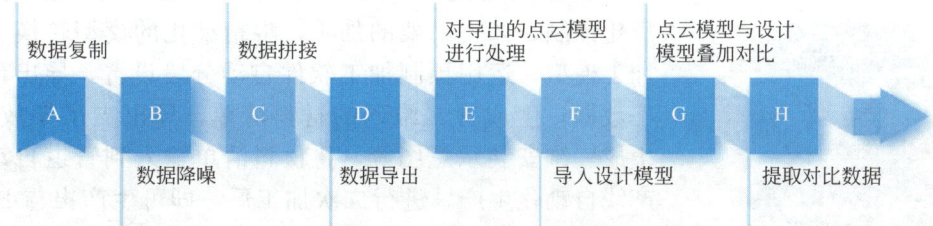

数据复制　　　　数据拼接　　　　对导出的点云模型　点云模型与设计
　　　　　　　　　　　　　　　　进行处理　　　　　模型叠加对比

A　　B　　C　　D　　E　　F　　G　　H

　　数据降噪　　　数据导出　　　　　　导入设计模型　　　提取对比数据

图 3-26　数据处理和分析基本流程

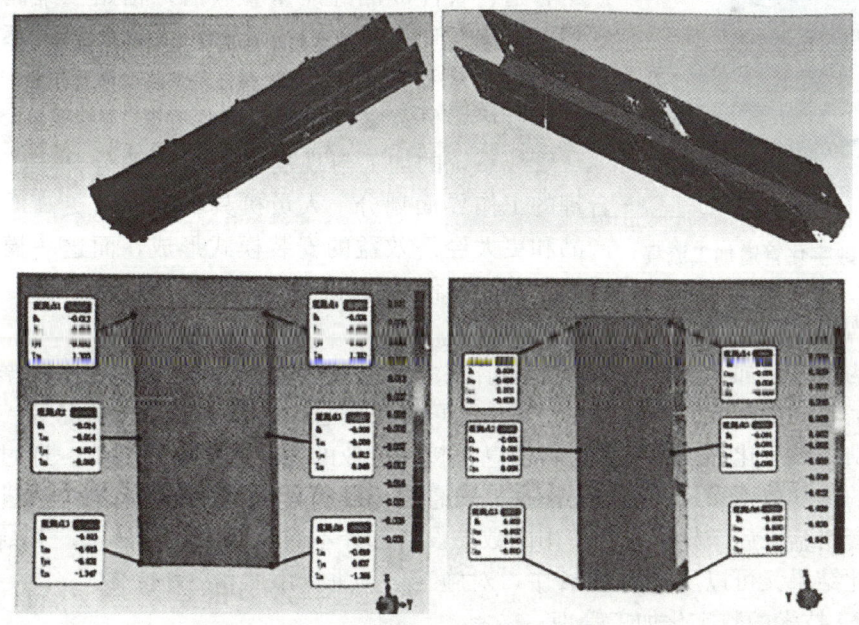

图 3-27　梁模具点云模型

（2）加工成型

① 3D 打印混凝土集成建筑技术

3D 打印建筑，利用经过特殊玻璃纤维强化处理过的混凝土材料进行作业，这种材料强度和使用年限大大高于普通钢筋混凝土，并且可以随意填充保温材料，任意设计墙体结构，一次性解决墙体的承重结构问题，造价便宜，建造速度快，对环境污染小，节省材料，还可以重复搬运使用；而集成建筑是以专业化大工厂和社会化协作的生产方式，将建筑部件加以装配集成，为市场提供终极完善产品的全新建筑体系，集成建筑中水电管线和装饰装修也可以预先在工厂裁剪成通用配件。

实现 3D 打印混凝土装配式建筑的核心就是 BIM 技术。在 BIM 与 3D 打印技术的融合创新中，需要先用 BIM 软件建立模型，然后转化成 STL 文件（这是一种 3D 软件的固有文件格式）并对相关数据进行分析后，用 3D 打印机按照相应路径进行打印。一旦路径规划完成，相应的三维模型也会在 BIM 软件中直观显示，便于进一步对打印过程进行监控和完善。

② 数字化管线加工

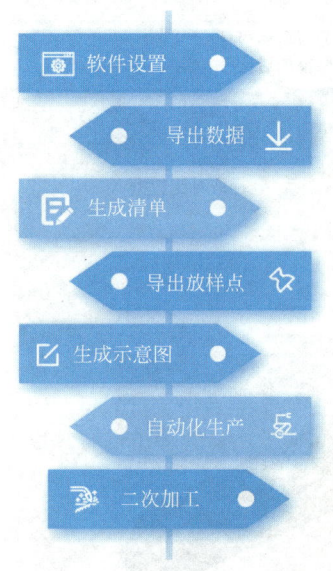

软件设置

导出数据

生成清单

导出放样点

生成示意图

自动化生产

二次加工

图 3-28　数字化管道加工流程

随着 BIM 技术的发展，精细的管道模型开始应用于工厂化预制。如支吊架的加工，将精准化的模型转换为预制加工模型，运用预制加工软件自动分段设置，导出预制加工数据，生成含二维码的材料清单，导出支吊架放样点，生成三维安装示意图等，将材料清单输入到管道自动化生产线自动化生产。进行二次加工后，即可生产出与 BIM 模型高度契合的管道、管件成品，这就是数字化管线加工，其加工流程如图 3-28 所示。

管道、管件成品经质量验收后，粘贴二维码运至施工现场；运输至现场后，扫描验收录入物资管理系统，根据二维码运至模型指定的位置；在施工安装现场，采用测量机器人放样定位，实现高效精准的安装。

管线系统的加工与现场安装工作的分开，意味着更加合理的工作界面划分、人员机具配置以及更高质量的预制产品和更大经济效益的安装模式形成，而这一模式符合当前绿色节能、低碳环保的发展需求。

③ 钢结构数字化加工

钢结构数字化加工使用的原始数据信息可以直接从 BIM 中提取，这些数据包含：零件的属性信息，如材质、零件号等；零件的可加工信息，如尺寸、开孔情况等。如图 3-29 所示，钢结构数字化加工使用的材料信息直接从企业的物料数据库中提取，通过二次开发连接企业的物料数据库，调用物料库存储信息进行排版套料，对排版后的余料进行退库管理。排版套料结束后，根据实际使用的数控设备选择不同的数控文件格式，对结果进行输出，同时此结果又可以反馈到 BIM 中，对施工信息进行添加和更新操作。

④ BIM 技术的数字化加工管理

A. 构件加工详图

通过 BIM 对建筑构件的信息化表达，可在 BIM 上直接生成构件加工详图，不仅能清

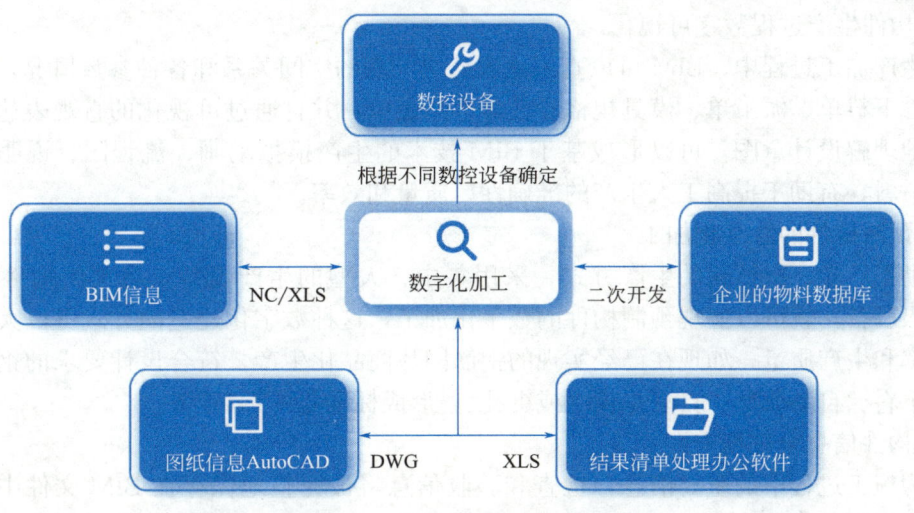

图 3-29　钢结构数字化加工原理

楚地传达传统图纸的二维关系，而且对于复杂的空间剖面关系也可以清楚表达，同时还能够将离散的二维图纸信息集中到一个模型当中，这样的模型能够实现与预制工厂更加紧密的协同和对接。

BIM 可以完成构件加工、图纸的深化设计，如利用深化设计软件通过真实模拟进行结构深化设计，通过软件自带功能将所有构件加工详图（包括布置图、构件图、零件图等）利用三视图原理进行投影、剖面生成深化图纸，图纸上的所有尺寸，包括杆件长度、断面尺寸、杆件相交角度均是在杆件模型上直接投影产生的。构件加工详图如图 3-30 所示。

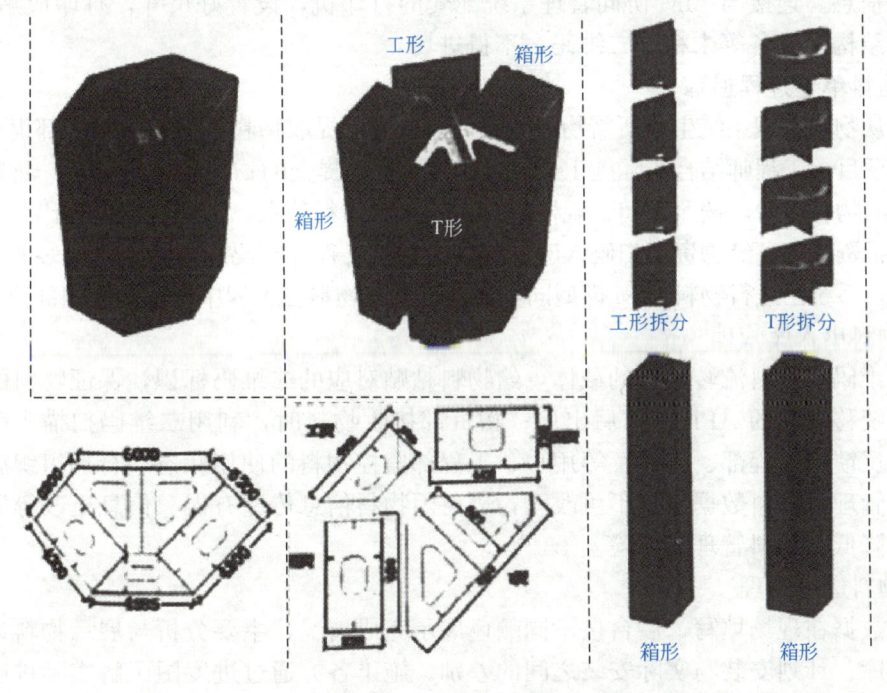

图 3-30　构件加工详图

B. 构件生产过程数字可视化

在生产加工过程中，BIM 可以直观地表达出配筋的空间关系和各种参数情况，能自动生成构件下料单、派工单、模具规格参数等生产表单，并且通过可视化的直观表达帮助工人更好地理解设计意图，可以形成基于 BIM 技术的生产模拟动画、流程图、说明图等辅助培训材料，有助于提高工人生产的准确性、质量和效率。

C. 预制构件的数字化加工

借助工厂化、机械化的生产方式，采用集中、大型的生产设备，将预制构件的 BIM 数据输入设备，就可以实现预制构件的数字化加工，这种数字化建造的方式可以大大提高工作效率和生产质量。如现在已经实现的钢筋网片商品化生产，符合设计要求的钢筋在工厂自动下料、自动成型、自动焊接（或绑扎），形成标准化的钢筋网片。

D. 构件信息全过程查询

作为施工过程中的重要信息，检查和验收信息将被完整地保存在 BIM 文件中，相关单位可快捷地对任意构件进行信息查询和统计分析，在保证施工质量的同时，能使质量信息在运维期有据可循。

（3）物料管理

物料管理是对企业生产经营活动所需各种物料的采购、验收、供应、保管、发放、合理使用、节约和综合利用等一系列计划、组织、控制等管理活动的总称。物料管理的良好运行能协调企业内部各职能部门之间的关系，从企业整体角度控制物料"流"，做到供应好、周转快、消耗低、费用省，取得好的经济效益，以保证企业生产顺利进行。

① 创建物料跟踪二维码

通过 PC 端选择单构件或组构件，根据构件类型及分类编码生成二维码，按照需求添加二维码信息。连接与 BIM 协同管理系统配套的打印机，设置好尺寸，打印成贴纸形式。幕墙、钢结构、设备等未粘贴二维码，不得进场。

② 物料单全过程追踪

追踪从物料管理系统生成所需物料数据，通过接口提取物料数据，由物资部提交物料单即下单；项目总工程师结合实际施工进度，审核物资部提交的物料单是否合理；物料厂获得通过审核的物料单后，按照时间、规格型号、数量等物料信息，加工生产、扫码出货、上传相应检验批资料等；经物资部扫码入库、扫码出库，工程部扫码确认物料已安装架设后，物料单归档，系统已进行物料 BIM 模型同步更新，展现物料在工程中最后的使用部位。

③ 物料出入库管理

以二维码为物料流转信息的载体，给物料粘贴对应的二维码标识，保证物料的有序控制，经系统移动端的 APP 扫描后出厂；物资部接收物料时，利用二维码扫描入库，系统信息实时反馈给工程部、构件厂等用户；工程部监控物料的使用状态，合理组织施工。通过二维码管理，物料数据信息不可改动，避免因物料信息传递有误、信息更改等原因造成的损失，降低了物料管理的风险。

④ 物料进度管理

表单数据在现场填写，后台按不同颜色展示完成情况，主要分析与展示物料计划入库与实际入库、计划安装与实际安装之间的差别。施工各方通过进度图了解实际进度和预测进度，保证物料及时到位，同时避免占用库存，利于成本控制和场地周转。

⑤ 实际施工过程中的误工风险预警

物料的交付时间延误、数量不符，往往是造成工期延误的重要原因。在工程实际应用中，利用误工风险预警可以实时跟踪施工所需各构件的生产、运输、计划入库料单、实际入库料单等，分析得出误工情况。另外，可通过设定的物料计划进场时间节点，对逾期进场的构件标记警告，及时展示给项目总工程师，以便构件对应的负责人、材料供应商等追踪进展，避免因构件的经常延误使施工进度受到影响。

3.3.3　智能施工

1. 智能施工的概念

智能施工是指在工程建造过程中运用信息化技术方法、手段最大限度地实现项目自动化、智慧化的工程活动，是建立在高度信息化、工业化和社会化基础上的一种信息融合、全面物联、协同运作的工程建造模式。智能化设备的大量应用、虚拟化的全过程建造仿真模拟、精细化的全要素管理等，为传统施工向智能施工的转变提供了合理路径。

2. 智能施工发展趋势

面对数字化技术带给行业的变革时机，建筑业通过借鉴工业智能制造的先进技术思路和方法，积极探索实施绿色化、工业化和信息化三位一体协调融合发展数字化之路。

（1）虚拟化发展趋势

虚拟建造本身是一门新兴学科，其核心与关键技术包括虚拟现实技术、仿真技术、建模技术和优化技术。在工程施工之前对施工全过程进行仿真模拟，包括结构施工过程力学仿真、施工工艺模拟、虚拟建造系统建设等方面，并在施工过程中采用有效的手段实时监测和评估其安全状况，可以很好地动态分析、优化和控制整个施工过程。与此同时，基于虚拟建造技术，在施工前通过大量的计算机模拟和评估，充分暴露出施工过程可能出现的各种问题，并经过优化有针对性地加以解决，为施工方案确定和调整提供依据，可以实现施工建造的综合效益最优。如图 3-31 所示。

（2）智能化发展趋势

在工程施工过程中引进建筑机器人，其工作基本模式是通过与设计信息（特别是BIM）集成，对接设计几何信息与机器人加工运动方式和轨迹，实现机器人预制加工指令的转译与输出，可以大大提高工效、保证质量和降低成本。再如，施工便携式智能穿戴设备将成为建筑工人的重要装备，通过借助软件支持及数据交互、云端交互来实现强大的功能，与施工环境紧密结合。除此之外，具有接入互联网能力的智能终端设备，通过搭载各种操作系统应用于施工过程，可根据用户需求定制各种功能，实时查阅图纸、施工方案，三维展示设计模型，VR 交底，辅助安全质量管理，使施工管理水平显著提升。

（3）产业化发展趋势

产业化是智能施工的发展趋势之一，基于数字化与工业化融合发展理念，集成建筑部品部件的设计流程、工艺规划流程、制造流程等，在工厂里实现建筑部品部件的仿真、分析、实验、优化、生产加工、检测等一体化流水制造，并逐步往上下游延伸，构建数字建造产业链，使数字建造的各个环节均达到数字化、精细化、标准化、模块化，可以从整体上很好地解决数字施工过程中的各种问题，实现综合最优。

图 3-31　虚拟建造示意

（4）协同化发展趋势

智能施工涉及结构、环境、机械、电子、暖通、给水排水等多个学科领域。从收到客户需求到完成设计方案交底给施工单位进行施工建造，再到项目运行维护管理，业主、设计单位、施工单位、监理单位、供应商等不同单位或部门都不同程度地参与其中。在此过程中，资源整合问题、沟通理解程度、工作协调效率、工作标准问题等在很大程度上影响和制约着工程建造的效率和质量。

可见，智能施工是一门跨专业、跨部门的技术体系，智能施工的发展需要社会各行各业的通力协作，呈现出协同化的发展趋势。在发展模式方面，需要有决策层的重视，通过强化顶层设计、整合与共享各类资源、统一质量标准体系、统一工作流程；在技术创新方面，需要充分发挥和利用信息技术的科学计算优势，从环境适用性、材料性能、结构功能属性出发，面向共性和个性用户需求，对建筑全生命周期的各类信息进行分析、规范、重组、融合。

3. 智能施工的关键技术

（1）智能测绘

工程测绘技术在建筑工程中应用较早，而随着建筑业的进步和各种精密仪器、勘探仪器的改良和升级，目前工程测绘技术已经进入了全新的技术水平。随着人造卫星和无人机的使用，工程测绘技术开始向智能化方向发展，出现了无人机遥感测绘技术、3D激光扫描技术等，实现了工程测绘技术的革新，进入了施工智能测绘阶段。

① 无人机遥感测绘技术

无人机技术的发展促使其在工程领域快速占有一席之位，尽管无人机的应用时间还很短，但是其显著的优势及快速的开发速度，为测绘图的制作带来极大的便利，对工程测绘提供了良好的技术支持，如图 3-32 所示。

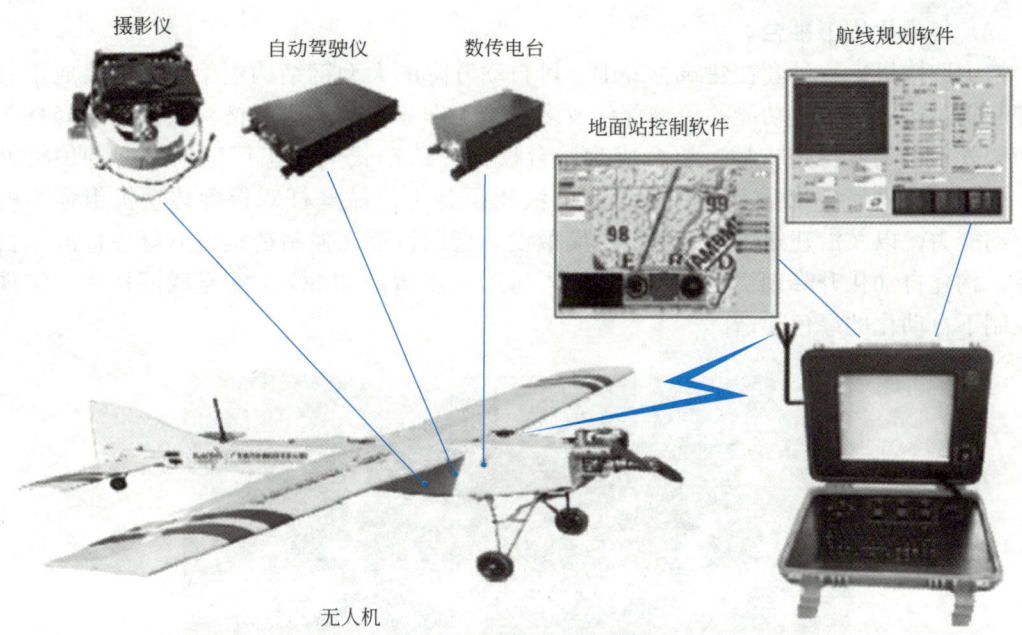

图 3-32   无人机技术的应用场景

② 3D 激光扫描技术

3D 激光扫描仪是一种新型的测绘仪器，在边坡变形监测、立体模型建立等方面均有应用。相对于传统测绘方式，3D 激光扫描仪能够在更短的时间内，高精度地测得传统测绘方式难测甚至测不到的复杂建筑及地形表面的几何图形，如图 3-33 所示。如果将建筑的沉降数据与 3D 图形相结合，还能够更加直观地反映出基坑的沉降，便于对基坑沉降进行分析。

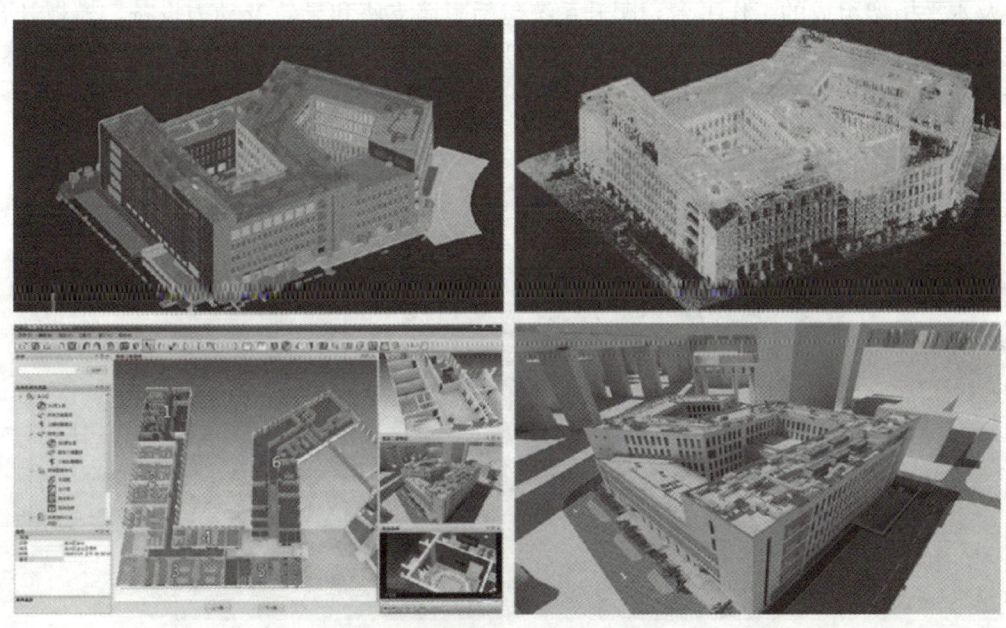

图 3-33   激光扫描技术成图

（2）集成化施工平台

空中造楼机。一种套在建筑物外围、可自动升降的大型钢结构框架，高度集成了具备各种起重、运输、安装功能的机械部件及多道施工作业平台，通过格构式钢管升降柱与多道桁架式水平附墙稳定支撑，组合成为一台模拟"移动式造楼工厂"的大型特种机械装备，如图3-34所示。依靠设置在地下室的液压顶升＋机械丝杆双保险传动机组强大的液压驱动能力，以及沿建筑主体结构剪力墙敷设的型钢轨道，强制造楼机升降柱标准节自主升降，构建自动化升降现浇标准作业工序，运用人工智能和5G工业互联网技术，实现远程控制下自动化的绿色建造。

图 3-34　空中造楼机

电动式集成化模架。包括模板系统、承重系统、爬升系统、模板开合牵引系统和智能控制系统，如图3-35所示。模板系统包括模板和脚手架，承重系统包括附墙支座、支撑框架及水平桁架组成的工作平台，爬升系统包括附墙支座和导轨及动力设备，模板开合牵引系统包括滑轨、滑轮、上下微调装置和牵引动力设备，智能控制系统包括重力传感器、同步控制器和遥控安全装置等。

图 3-35　电动式集成化模架

（3）施工机械智能化管理

此部分的内容在模块二"智慧工地管理"中会重点讲解。

① 塔式起重机吊装盲区可视化监管

塔式起重机在作业过程中，尤其在高层作业过程中，司机需要借助一种视频设备观察上百米范围内的实际环境情况。同时，在建造过程中，由于楼体等的遮挡会自然形成视觉盲区，在高层作业中这一情况尤为严重，因此，更需要借助视频设备观察到盲区的视频图像以便做到吊装全过程可视，这样司机能够做到心中有数，从而降低事故发生的概率。

塔机安全监控系统

② 塔式起重机监管

利用日渐成熟的物联传感技术、无线通信技术、大数据云储存技术，组合了塔式起重机安全监控管理系统（俗称"黑匣子"），实时采集塔式起重机运行的载重、角度、高度、风速等安全指标数据，用以指导安全管理。

吊钩安全监控

③ 卸料平台超重监管

将质量传感器固定在卸料平台的钢丝绳上，实时采集卸料平台的载重数据并实时显示在监管系统的屏幕上，当出现超载时现场进行声光报警。

④ 施工升降机安全监管

利用施工升降机安全监控管理系统，全程记录升降机的运行数据，全方位实时监测施工升降机的运行工况，并在有危险源时及时发出警报和输出控制信号，同时将工况数据传输到远程监控中心。

传感器在施工升降机中的应用

⑤ 出入口车辆管理

工地环境复杂，进入工地进行作业的部门又很多，很多时候无法对进入工地进行作业的工程车辆进行仔细检查，导致以次充好、以旧换新的情况屡屡发生。工程车辆的作业顺利程度，关系着工地施工进度。

（4）施工人员智能化管理

① 智能安全帽

智能安全帽主要由手持终端、智能安全帽、"工地宝"接收器和 APP 组成，如图 3-36 和图 3-37 所示。手持终端进行实名登记，可实现施工人员进出场管理；智能安全帽由传统安全帽＋智能电子模块＋芯片组成，含有微型处理器或者微型控制器，有数据采集、存储计算与无线通信等功能，用于施工人员身份识别及作业的信息收集，可实现施工管理功能；"工地宝"接收器用于工人作业时的数据分析、回传与分享，可实现智能语音播报；APP 用于管理者实时信息查看，进行移动管理，可实现远程语音遥控。

② 人脸识别

建筑业是劳动密集型产业，工地现场施工人员众多，造成了许多管理上的困难。首先是工地出入管理困难。人员进出施工现场方面缺乏管理容易造成工地现场混乱，工地周围环境复杂，外来人员可能会进入施工现场，造成安全隐患。其次，施工人员考勤管理困难。常规的考勤管理较多为手工签到或刷卡签到，易造成施工人员互相帮忙签到和卡识别错误等问题，给考勤统计带来困难。最后，施工人员稳定性低、流动性大，给工地管理人员带来诸多问题。人脸识别技术因具有快捷高效、安全无感知等特点，获得越来越多领域的认可，应用也越来越广泛。如图 3-38 所示。

图 3-36　智能安全帽功能模块

图 3-37　佩戴智能安全帽工人的行动轨迹

③ 物料智能化管理

物料智能化管理可以实现物资进出场全方位精益管理。它是一种有别于传统的人工物料管理方式，通过信息化手段实现公司对项目在"计划-采购-生产"环节的实时管控，如图 3-39 所示。运用物联网技术，通过地磅周边硬件智能监控作弊行为，自动采集精准数据；运用数据集成和云计算技术，及时掌握一手数据，有效积累、保值、增值物料数据资产；运用互联网和大数据技术，进行多项目数据监测和全维度智能分析；运用移动互联技术，随时随地掌控现场、识别风险，零距离集约管控、可视化决策。

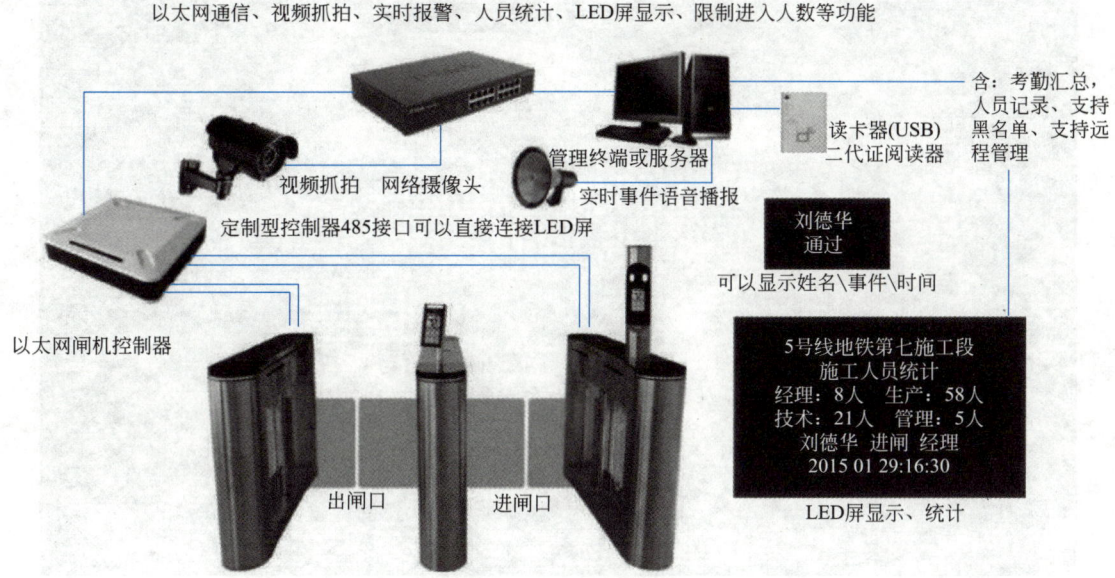

以太网通信、视频抓拍、实时报警、人员统计、LED屏显示、限制进入人数等功能

含: 考勤汇总,
人员记录、支持
黑名单、支持远
程管理

读卡器(USB)
二代证阅读器

视频抓拍 网络摄像头

定制型控制器485接口可以直接连接LED屏

管理终端或服务器

实时事件语音播报

刘德华
通过

可以显示姓名\事件\时间

5号线地铁第七施工段
施工人员统计
经理: 8人 生产: 58人
技术: 21人 管理: 5人
刘德华 进闸 经理
2015 01 29:16:30

LED屏显示、统计

以太网闸机控制器

出闸口   进闸口

图 3-38 人脸识别设备组成

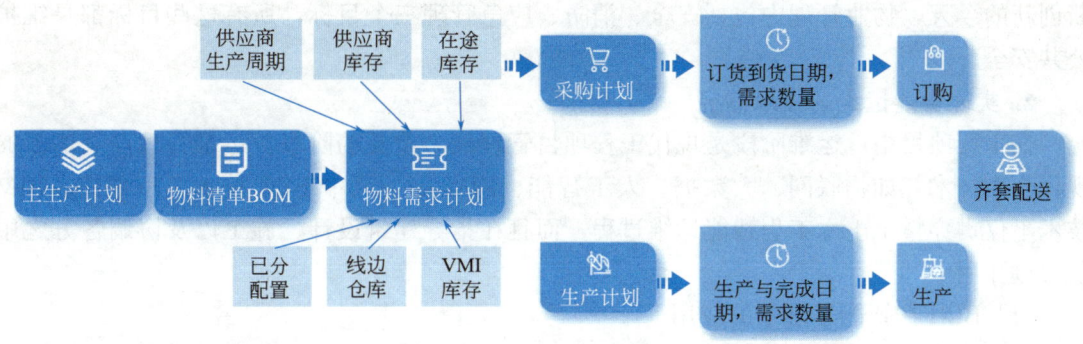

图 3-39 物料智能化管理流程

3.3.4 智能运维

运维管理（Operations Management）是一门新兴的交叉学科，也可以叫作设施管理（Facility Management）。

1. 运维管理的涵盖范围

运维管理主要聚焦于四个方面，即设备维护管理，空间和客户管理，能源和环境管理，安全、消防和应急管理，如图 3-40 所示。

设备维护管理主要负责建筑的维护、检测、检验。在建筑中，空间是建筑的基本单位，合理布局和安排建筑空间是每个设备能够正常运作的前提。节能环保是当今世界各领域所探索的一个课题，建筑业自然也不例外。在一些项目中，建筑可以通过一些特殊的构造以及材料的选择进行节能。在物业管理中，安全始终是一个不可避免的课题。在技术不

图 3-40　运维管理平台

断创新的今天，物业管理中包括安全、消防、应急管理三个目标，所有这些目标都是维护公共安全。

2. 实现智能运维的技术途径

在工程项目中，运维阶段是现代工程项目管理最为重要的阶段。运维管理涉及诸多的现代全新技术，如物联网、大数据、人工智能、BIM 等，其中 BIM 技术应用最广。BIM技术不仅贯穿整个土木工程智能运维过程，而且在指导建筑设计、施工以及协调各方之中起关键作用。

（1）BIM 在智能运维中的应用

① 空间管理

空间管理是指在设施管理中，通过合理安排，整合人力、资源、技术、进程等使空间达到最优的利用效率。建筑空间管理一般先将 BIM 收集并凝练的信息分为三类，分别为现状信息、计划信息、监测与干预信息。图 3-41 所示为某停车场的智慧管理平台。

② 运维管理

智能运维中的"运维"一般指广义的运维，空间、消防、安保都可以算入其中。而本节的"运维"指狭义的运维，可以理解为运维计划及管理模式的制定，也可以看作是整个智能运维任务开始后的计划制定和方针确定，类似于计算机编程中的底层程序设计。

运维过程可分为两个阶段，分别为"运营管理"与"维护管理"。

运营管理指对运营过程的计划、组织、实施和控制，是与产品生产和服务创造密切相关的各项管理工作的总称。运营管理是现代企业管理科学中最活跃的一个分支，也是新思想、新理论大量涌现的一个分支。

维护管理的难点在于对 BIM 海量数据的实时调用，并通过数据进行统计分析。对于维护管理的设计者来说，解决该问题的方法是将信息源的信息与工程实体建立十分紧密的

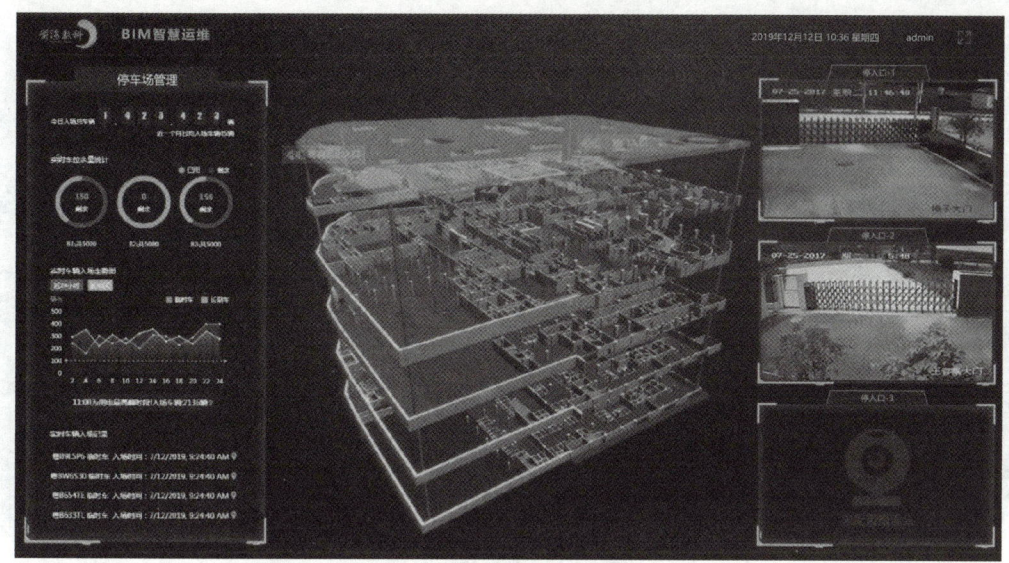

图 3-41　某停车场智慧管理平台

相关性，这是在空间管理部分的要求。可见，只要是应用了智能运维管理技术，不仅要在开发过程中对 BIM 进行精细设计，同时要做好它与工程实体之间的紧密联系。

（2）智能运维优化管理

① 节能优化运营

节能优化，首先需要明晰建筑内能耗的具体情况。在智能运维中，采用模拟软件对建筑内的能耗进行测定，这样的模拟软件需要具有以下四个功能。

A. 负荷模拟。模拟计算建筑在一定时间段中的冷热负荷，反映建筑围护结构和外部环境、内部使用状况之间在能量方面的相互影响。

B. 系统模拟。模拟空调系统的空气输送设备、风机盘管及控制装置等功能设备。

C. 设备模拟。模拟为系统提供能源的锅炉、制冷机、发电设备等。

D. 经济模拟。评估建筑在一定时间段内为满足建筑负荷所需要的能源费用。

② 优化安全模式运营

安全模式运营也是一个可以优化的方向，其优化方案基本通过 BIM，这对操作模式效果的提升是显著的。在构建信息模型过程的各个阶段，我们可以直接比较不同的程序以及方法的每一步效果。此外，通过 BIM 更容易检测出实际过程中的环节与虚拟过程中的不同，这有助于及时指出不合理的步骤并可以调整安全运营模式，拥有传统运维无可比拟的时效性。

（3）应急管理

BIM 构建和管理技术的优势在于没有盲区的应急能力，而传统运维模式仅涉及人员流动、应急响应与救援。以 BIM 为核心的智能运维体系可以在危险发生之前对危险进行评估，达到防患于未然的效果。例如 BIM 对线路老化、火灾易发区域、消防管道等有着不间断的监控，并且监控系统之外可能还有一层监控系统，使危险无所遁形，如图 3-42所示。

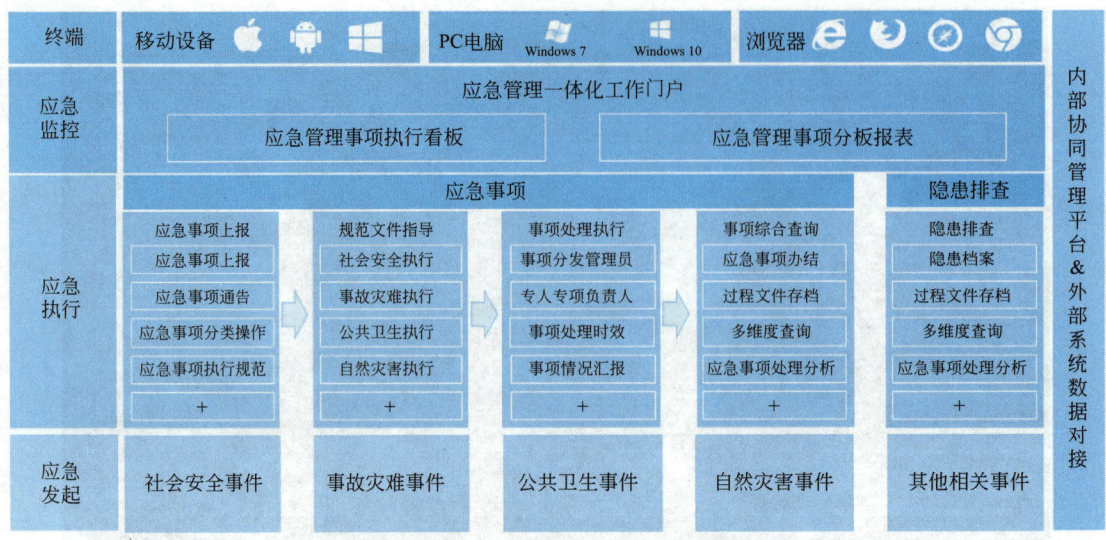

图 3-42　应急管理系统

综合考核

　　以小组为单位，通过网络搜索、现场调研、校友访谈等形式，了解 BIM 技术在建设项目全生命周期的应用，形成某项目 BIM 技术应用情况调研报告一份。

　　分组：班级同学分组，3~5 人为一组。

　　成果：以小组为单位形成调研报告一份，并制作汇报 PPT，公开展示成果。由教师和交叉团队打分完成，各占分值比例 50%。

3.4　智能建造带来的行业变革

【知识引入】和以往的建筑业改革方式不同，当前建筑业正处在行业深化改革、转型升级和技术跨越式发展叠加推进的过程，走到了稳步、安全、稳定发展阶段。本节主要介绍智能建造对行业带来的变革。

【知识内容】在建筑施工中，建造方式在不断发生改变。它引领着工程建造技术的变革创新，更从产品形态、建造方式、经营理念、市场形态以及行业管理等方面重塑了建筑业。

3.4.1　推动生产力和生产关系的变革

传统的建筑施工方式是个性化的，每个施工工地都不一样，所生产的建筑产品也都各不相同，可以看作是单个产品定制生产的方式。这种方式在生产效率、资源利用和节能环保等方面都存在明显的瓶颈。提升建筑行业生产效率、实现建筑行业集约化发展、借鉴工业化发展路径已经成为共识。实现规模化生产与满足个性化需求相统一的大规模定制，是人类生产方式进化的方向。实行建筑工业化的关键是要在工业化大批量、规模化生产条件下，提供满足市场需求的个性化建筑产品。智能建造是信息化与工业化深度融合的一种新型工业形态，体现了项目建设从机械化、自动化向数字化、智能化的转变趋势。这种建造方式与定制化的传统建筑施工有很大不同，从建筑模块化体系、建筑构件柔性生产线到构件装配，都不再是单纯的施工过程，而是制造与建造相结合，实现一体化、自动化、智能化，如图 3-43 所示。

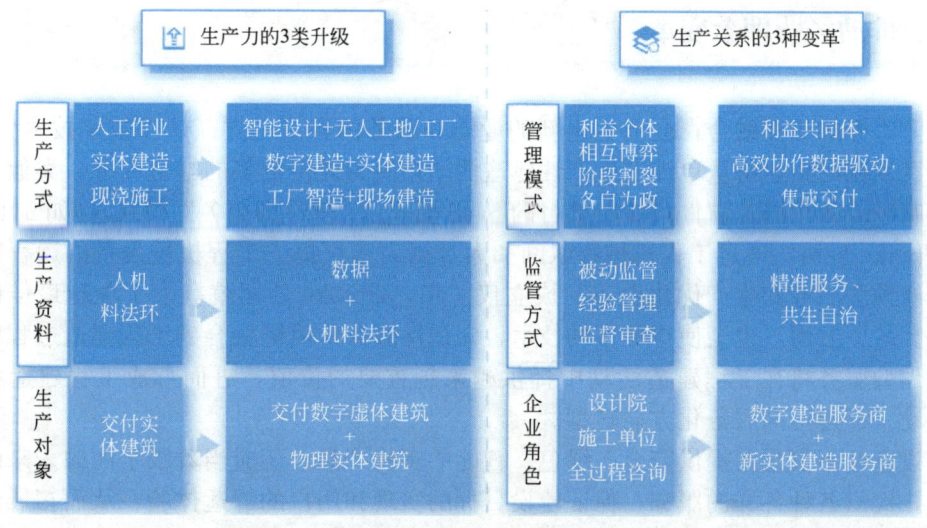

图 3-43　智能建筑推动生产力和生产关系的变革

3.4.2 推动产品形态变革

传统建筑生产过程是围绕直接形成实物建筑产品展开的，设计单位提供二维平面设计图纸，施工单位根据图纸来施工，得到实物产品。而建筑产品是三维的，具有较高的复杂性和不确定性。依据二维图纸的设计，施工过程不可避免存在错漏碰缺，造成建筑品质缺陷和资源浪费等问题。未来的建筑产品必将从单一实物产品发展为实物产品＋数字产品，甚至是＋智能产品。借助"数字孪生"技术，实物产品与数字产品有机融合，形成"实物＋数字"复合产品形态，在绿色化、工业化、信息化的"三化"深度融合过程中，工程建造将促进建筑产品形态转变为"实物＋数字＋智能"，如图 3-44 所示。

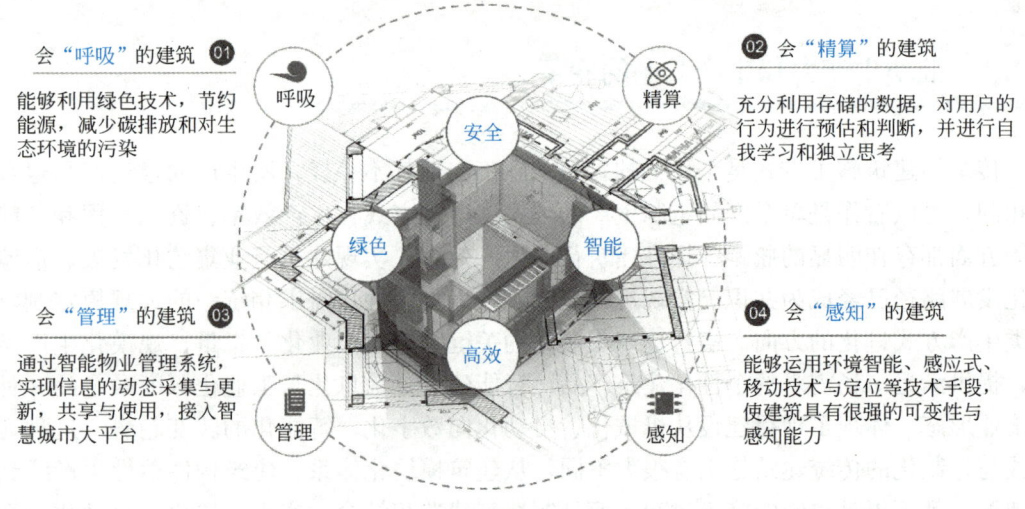

会"呼吸"的建筑 01
能够利用绿色技术，节约能源，减少碳排放和对生态环境的污染

02 会"精算"的建筑
充分利用存储的数据，对用户的行为进行预估和判断，并进行自我学习和独立思考

会"管理"的建筑 03
通过智能物业管理系统，实现信息的动态采集与更新，共享与使用，接入智慧城市大平台

04 会"感知"的建筑
能够运用环境智能、感应式、移动技术与定位等技术手段，使建筑具有很强的可变性与感知能力

图 3-44 "实物＋数字＋智能"的建筑产品

3.4.3 推动经营理念变革

产业边界的相互融合，会催生出新的业态和服务内容。一方面，以数字技术为支撑，工程建设领域的企业将从单纯的生产性建造活动拓展为提供更多的增值服务，类似于制造业里的制造服务化以及软件行业所推行的 SaaS 模式（"软件即服务"模式）。如 2014 年成立的 Uptake 公司，通过工程机械物联网和大数据为客户提供工程机械设备的远程监控服务、维修预测服务和生产优化服务。成立仅一年，Uptake 公司就登上了全球最佳创业公司榜首。另一方面，也会使得更多的技术、知识性服务价值链融合到工程建造过程中。技术、知识型服务将在工程建造活动中提供越来越重要的价值，进而形成工程建造服务网络，推动工程建造向服务化方向转型。

建设企业不仅需要提供安全、绿色、智能的实物产品，还应当着眼于面向未来的运营和使用，提供各种各样的服务，保证建设目标的实现和用户的舒适体验，从而拓展建设企业的经营模式和范围。智能建筑、绿色建筑和智能家居等都是典型的应用场景，如面向医养结合的智能住宅，可以通过优化建筑功能设计、增加智能传感设备，更好地满足人们对健康生活和家庭养老，尤其是独居老人的需求。

3.4.4　推动行业管理变革

信息社会条件下，建筑行业的管理模式也将从"管理"转向"治理"。智能建造将以开放的工程大数据平台为核心，推动工程行业管理理念从"单向监管"向"共生治理"转变，管理体系从"封闭碎片化"向"开放整体性"发展，管理机制从"事件驱动"向"主动服务"升级，治理能力从以"经验决策"为主向以"数据驱动"为主提升。2019 年政府工作报告中，明确提出要改善我国的营商环境，其中一项重要任务就是将建设项目的平均报建手续减少到 120 天。实现这一目标的重要支撑就是互联网平台，把后台串联式的项目审批变成平台式的协同审批，实现"让群众少跑路，让信息多跑腿"。从管理到治理，行业管理从指导思想、技术手段和实施模式等方面都将产生深刻的改变。

3.4.5　推动市场形态变革

当今世界经济发展的最大趋势就是从产品经济走向平台经济。建筑行业也已经出现工程信息资源平台、工程外包项目聚合平台、综合众包服务平台等各类工程资源组织与配置服务平台。智能建造将不断拓展、丰富工程建造价值链，越来越多的工程建造参与主体将通过信息网络连接起来，工程建造价值链将得以不断重构、优化，催生出工程建造平台经济形态，大幅降低市场交易成本，改变工程建造市场资源配置方式，丰富工程建造的产业生态，实现工程建造的持续增值。

3.4.6　推动供应链变革

建筑业需要改变密集型、分散型的劳动作业与组织管理形式，整体而言智能建造产业的建设属于建筑行业持续发展的关键。建筑业普遍应用了设计、施工、运营等不同环节分离的模式，供应链可以让不同企业之间从以往独立分散转变为集成化特征，业务流程之间也可以保持高度沟通，可以有效达到产业协同化均匀性发展。智能建造本身高度重视全产业链的融合性发展，可以基于传统建筑业的企业组织管理模式进行有效创新，可以借助技术赋能、数据驱动达到产业链条的建设，同时在不同阶段能够基于设计标准化、生产工业化以及施工装配化等典型的特征，按照不同典型特征筛选子产业，如图 3-45 所示。

供应链属于一种不同供需关系企业所建造的服务链条，能够从微观层面上观察企业之间的关联，同时在智能建造供应链方面确保不同子产业围绕着核心企业构建供需链条。主要涉及智能建造核心企业供应链组织要素，促使各类元素在运行机制之下构建网链结构，并保障效益最大化原则，构建企业之间的合作机制与信息共享体系。

产业链相对而言影响范围较大，其主要是指供需关系的子产业构建逻辑供需链。其中智能建造产业链可以基于智能建造子产业为核心，基于子产业的上下游作为企业的载体，促使不同子产业不同层级企业之间的供需关系，构建企业供应链相互影响、保持相互依存的动态化增值链。对于企业而言，数据在企业之间的高效传递，能够缩短企业的服务链并实现对信

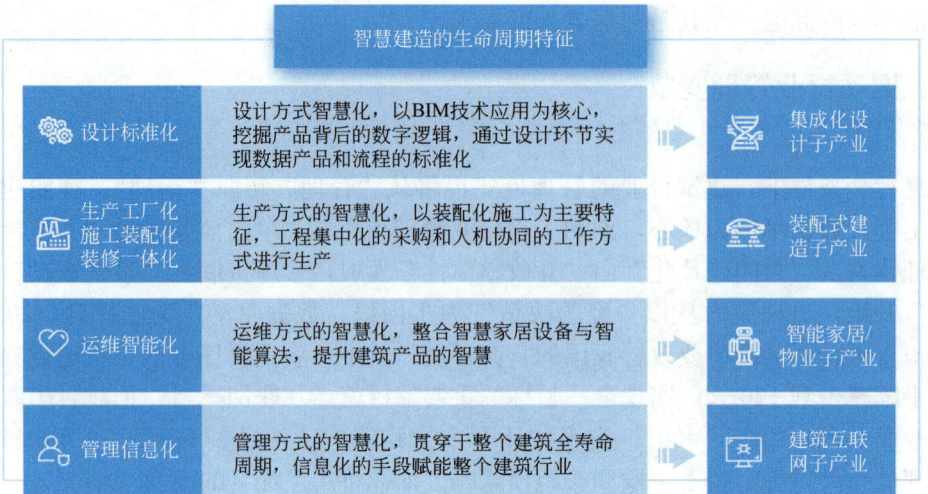

图 3-45　智能建造产业框架

息交流范围的拓展，达到整个产业的集成化。另外，对于全生命周期的集成化平台而言，不同产业之间的信息实现正向或逆向的传递与反馈，可以共同发挥资源优势，如图 3-46 所示。

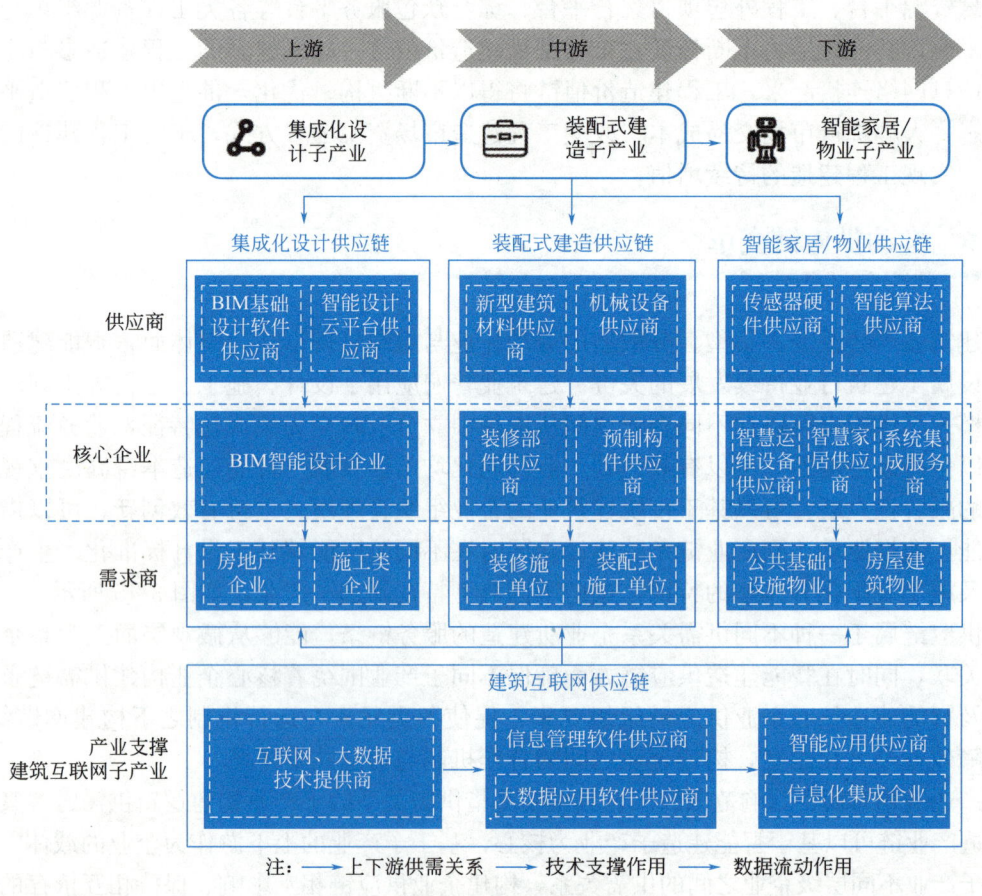

图 3-46　智能建造供应链框架

3.4.7　推动企业集成化模式改革

智能建造产业的核心-企业供应链组织结构，主要涉及企业内部、供应链中的企业以及子产业的组织集成，图 3-47 为某智能建造供应链元素。

图 3-47　某智能建造供应链元素

对于企业内部而言，内部组织集成主要是在企业信息技术支撑体系之下，能够开发集成化的产品，可以保持集成服务并提升企业的集成度。智能建造的子产业中不同核心企业的内部组织属于集成化的，主要涉及数据集成、产品集成以及服务集成。数据集成本质上属于企业内部与企业之间的集成化基础，可以按照互联网企业构建行业类型数据库，实现企业自身数据的实时性反馈；并借助数据驱动管理集成化特征，在开发集成产品方面主要涉及集成化设计产品以及管理系统，在设计阶段可以构建基于 BIM 为核心的设计集成化软件，这里主要涉及专业设计集成和不同阶段的信息集成；在集成服务期间可以促使企业的服务链有效延长，并从全生命周期着手提高企业的经济利益。例如对于总承包企业而言可以将自己服务链延伸到设计和决策阶段，从而更早地参与项目并减少施工期间的设计与信息交流等相关问题。

在企业之间的组织集成方面，供应链的组织集成属于非常重要的核心内容，这也是决定企业战略性合作关键问题的环节，能够协调企业的资源保持共享化特征，可以和供应商构建协作供应机制。数据本身属于企业集成的基础，同时也是企业信息共享的关键，积极构建良好的伙伴关系并应用订单经营模式，可以快速地捕捉市场信息并促使整个供应链范围内达到有效反馈，促使企业之间的运作达到同步性，从而确保利益的一致性。

 综合考核

辩题为：智能建造的发展到底是好事还是坏事？

分组：班级同学自主报名参与活动，正反双方8名辩手（可以自行挑选同学组建智囊团），再额外推选出3名活动策划人、2名主持人（一男一女）、5名同学组成评判团，邀请相关老师作为点评嘉宾，其余同学分成正反双方观众。

成果：组织一场专业性的辩论赛。

考核：根据活动策划方案的严谨性、全面性、可参与性来评价活动策划人，根据现场活动氛围的营造、活动的流畅性、串场的灵活性来评价主持人，根据双方陈词立论、攻辩环节、自由辩论、观众提问、总结陈词等方面来评价辩手。

3.5 智能建造的特点

【知识引入】了解了智能建造的发展、智能建造的概念、智能建造的组成，你认为智能建造具有什么特点呢？

【知识内容】智能建造从范围上来讲，覆盖了建设项目建造的全生命周期；从技术层面上来说，智能建造中"智能"的根本逻辑在于以 BIM、物联网、大数据、云计算等为基础和落点的信息技术应用，智能建造涉及的各个时间阶段、各个专业领域不是相互独立的，通过信息技术将整个建造过程串联成一个整体。

3.5.1　智慧性

智慧的特性主要体现在信息和服务这两个层面。智慧性以信息为主要支撑，每个建设项目都包含大量的信息，要高效地运行智能建造全过程，应具备实时获取信息的能力、储存海量信息的数据库、高速分析多元多极数据的能力、智慧处理和分析数据的能力等，而当具备以上信息技术和条件后，通过对应手段及时为参建各方提供高适配度、高质量的智慧化工程建设服务。

3.5.2　便捷性

智能建造以满足参建各方的需求为主要工作目标。在建设项目实施过程中，需要为各专业、各领域的参建方提供信息共享以及各类智慧服务，为参建方提供足够便捷的工作资源和建设过程，使得建设项目能够更高效顺利地完成，也能够为使用方提供更满意的建筑功能需求。

3.5.3　集成性

集成性主要体现在将各类信息化技术手段进行有效互补的技术集成和将建设项目各相关主体功能集成这两个方面。智能建造的相关技术支撑涵盖了各类信息技术手段，而各个信息技术手段都有其独特的功能，需要将多种类多形式的技术手段联合在一起，实现建设项目实施的高度集成化，如图 3-48 所示。

3.5.4　协同性

通过运用物联网技术，将原本没有联系的多方个体高效地相互关联起来，彼此交错，构建了具备智慧行为的平台，从而能够为不同的参与方提供实时共享的信息，有效增进不同参与方之间的联系，能有效避免信息孤岛的情况，进而达到协同工作的效果。

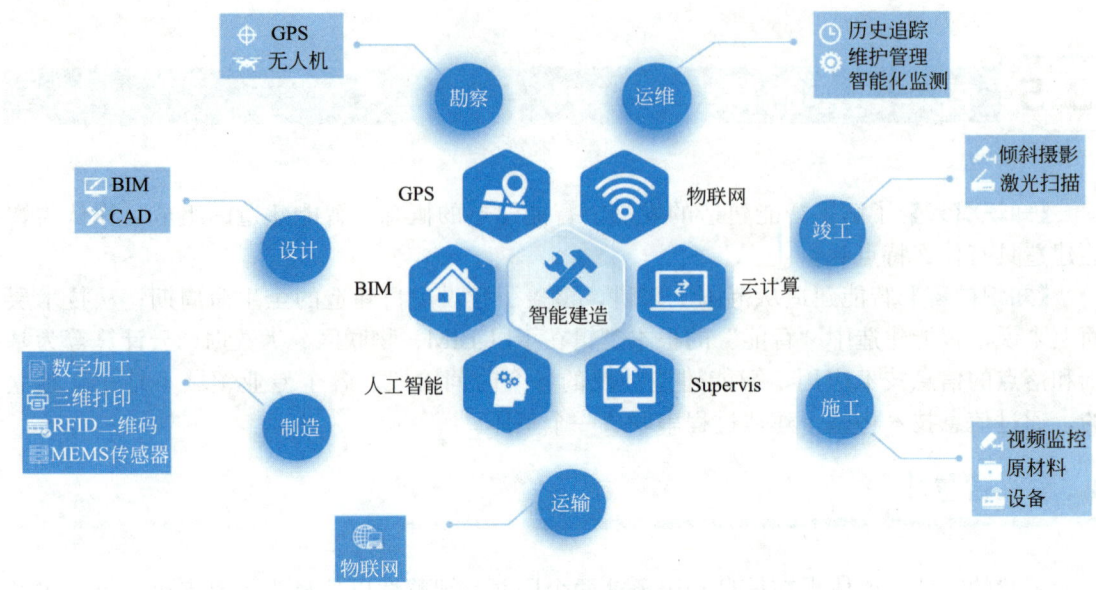

图 3-48　智能建造与各相关要素之间的关系

3.5.5　可持续性

　　智能建造完美地契合可持续发展的理念，将可持续性融入建设项目全生命周期的每一个环节。采用信息化的技术手段，能够有效进行能耗控制、绿色生产、资源回收和再利用等方面的可持续建设。可持续性不仅体现在节能环保方面，也充分体现在社会发展、城市建设等方面。

　　虽然不同领域不同场景中已推进了智能建造，但建筑业整体智能建造的发展仍处于初级阶段。即便如此，推进智能建造意义仍然重大，主要体现在技术赋能、数据驱动、持续优化和价值提升四个方面。以新技术为建造全过程赋能是实现传统建造模式向智能建造模式转变发展的重要支撑条件；通过大数据、物联网、人工智能等关键技术对建造各阶段数据进行搜集、传输、分析、处理和决策是智能建造的核心内容；以技术为支撑、数据为驱动的智能建造，不仅仅局限于传统建造技术的改进和革新，更是建造业务流程、全过程管理等方面的持续优化，使得设计和施工阶段联系更加紧密，能够精准控制各生产环节，优化建造业务流程；智能建造聚焦建造过程的革新更是建造理念的提升，有助于实现安全、优质、低碳和高效的建造目标，更能为用户提供绿色可持续的个性化、智能化工程产品与服务，丰富和拓展工程建造服务价值链，实现工程的持续增值。

综合考核

　　每一位组员提出1～2点个人觉得对智能建造有价值的应用点，并在小组内展开讨论，共同选择1～2个获得大家认可度最高的应用点，完成一份图文并茂的报告，来介绍你认为智能建造有价值的应用点。

分组：班级同学分组，3～5人为一组。

成果：报告中至少应包含小组分工以及小组讨论过程的图片、对应用点分析的报告。

考核：本次汇报在班级群投票打分，获得小组团队排名，组内个人评价由组长负责完成。

认知岗位

模块二

学习单元 4

智能建造背景下施工员岗位群

Chapter 04

学习背景

在传统的建筑施工中，施工员岗位群一般指施工员、质量员和安全员。当前，我国社会经济高速发展，至 2020 年，我国已经基本实现了工业化。但在建筑施工领域，工业化进程仍处于相对滞后的水平，亟须通过对传统施工技术、管理、运维的全过程进行工业化、信息化和智能化升级变革，来改变建筑业与当前社会整体科学技术水平高速发展脱节的现状。本节主要介绍智能建造背景下工程现场一线的施工员岗位群工作能力上的新要求。

任务导入

在智能建造的背景下，随着 BIM 技术、信息化管理技术以及智能化施工设备的融入，传统施工员岗位群的工作内容和职责都有了新的变化。作为未来的职业人，我们需要怎么做呢？

4.1 智能建造背景下的施工员岗位群能力要求

1. 智能建造背景下施工员岗位群工作内容的变化

BIM 技术是当前智能建造中应用最为广泛的新技术。在过去的工程中，BIM 模型创建往往仅作为设计的成果检验，一定程度上能减少施工的返工，却无法避免设计的变更。在设计阶段引入 BIM 技术进行正向设计，可在设计的过程中实时反映实际碰撞等问题；同时，由于有了过程模型，也便于施工人员在设计过程的介入，可避免设计不合理的问题，大大提升了设计品质。在施工阶段，BIM 模型可作为施工全过程组织策划的载体。从项目进场的场地规划，施工过程的交叉流水作业，装配式构件的堆放吊装，起重设备的实时运行监控，建造进度的实时反映，到竣工验收时的实测实量，均可通过 BIM 模型的信息化手段来实现。因此，利用 BIM 技术进行现场作业安全管理、工程质量管理和施工资料管理，是施工员岗位群应具备的能力要求。

除了 BIM 技术以外，智能建造还包括大量的信息化管理技术应用。当前应用较为广泛的是智慧工地系统，通过将劳务、机械、物资、环境、进度、质量和安全的管理，以及视频监控和实测实量进行信息化和数字化的整合，形成了一套较为完整的信息化工地现场管理系统。因此，用智慧工地系统等信息化技术进行现场作业安全管理、工程质量管理和施工资料管理，也是施工员岗位群应具备的能力要求。

随着生产设备的智能化升级，测量机器人、施工机器人、智能监控等设备将越来越多地应用在施工现场。因此，能够操作、管理智能化施工设备也是智能建造背景下的施工员岗位群应当具备的能力要求。

图 4-1 给出了智能建造背景下施工员岗位群工作内容的变化。

2. 智能建造背景下施工员能力要求

传统施工员要求具备以下专业能力：

- 能够参与编制施工组织设计和专项施工方案。
- 能够识读施工图和其他工程设计、施工等文件。
- 能够编写技术交底文件，并实施技术交底。
- 能够正确使用测量仪器，进行施工测量。
- 能够正确划分施工区段，合理确定施工顺序。
- 能够进行资源平衡计算，参与编制施工进度计划及资源需求计划，控制调整计划。
- 能够进行工程量计算及初步的工程计价。
- 能够确定施工质量控制点，参与编制质量控制文件、实施质量交底。
- 能够确定施工安全防范重点，参与编制职业健康安全与环境管理技术文件，实施安全和环境交底。
- 能够识别、分析、处理施工质量缺陷和危险源。
- 能够参与施工质量、职业健康安全与环境问题的调查分析。
- 能够记录施工情况，编制相关工程技术资料。

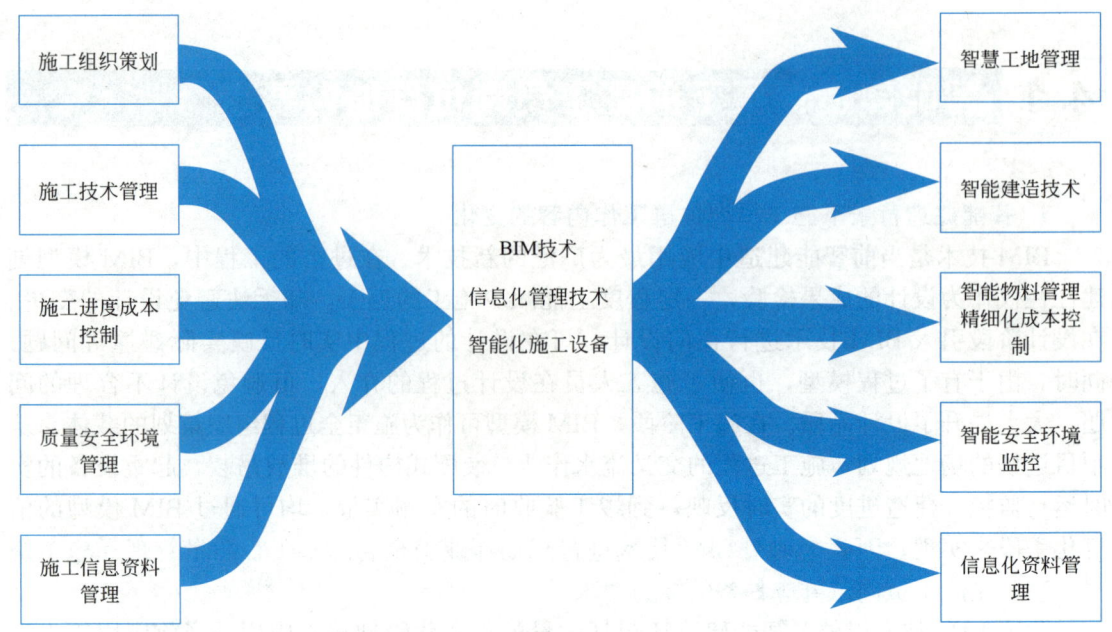

施工组织策划

施工技术管理

施工进度成本控制

质量安全环境管理

施工信息资料管理

BIM技术
信息化管理技术
智能化施工设备

智慧工地管理

智能建造技术

智能物料管理精细化成本控制

智能安全环境监控

信息化资料管理

图 4-1　智能建造背景下施工员岗位群工作内容变化

- 能够利用专业软件对工程信息资料进行处理。

智能建造对施工员的专业能力提出了更高的要求，具体体现在以下方面：

- 能够识读 BIM 模型，对照 BIM 模型进行下料。
- 能应用放线机器人进行测量放线。
- 能够应用三维激光扫描设备进行实测实量和 BIM 点云建模，并对结果进行多维度分析，辅助项目验收。
- 能够操作智能混凝土布料机、地面整平机器人、砌筑机器人等设备，并能进行技术交底。
- 能规划施工机器人的运行路线，参与编制智能设备与人工交互协作组织方案及现场安全操作手册。
- 能够对机器人无法施工的边角处进行收边收口。
- 能对预制构件堆场和大型智能设备存放、维修场地、进出场路线进行规划设计。
- 能够对智能设备的日常运行进行耗材更换及基本维护，排除简单的故障；若出现无法解决的问题，能迅速联系设备供应商或维护机构处理。
- 能够对 BIM 模型和智能设备资料数据同步至智慧工地系统，并进行归档。
- 能够用信息化技术进行施工进度方案编制。

3. 智能建造背景下安全员能力要求

传统安全员要求具备以下专业能力：

- 能够参与编制项目安全生产管理计划。
- 能够参与编制安全事故应急救援预案。
- 能够参与对施工机械、临时用电、消防设施进行安全检查，对防护用品与劳保用品进行符合性判断。

- 能够组织实施项目作业人员的安全教育培训。
- 能够参与编制安全专项施工方案。
- 能够参与编制安全技术交底文件，并实施安全技术交底。
- 能够识别施工现场危险源，并对安全隐患和违章作业进行处置。
- 能够参与项目文明工地、绿色施工管理。
- 能够参与安全事故的救援处理、调查分析。
- 能够编制、收集、整理施工安全资料。

智能建造增加了安全员在信息化和智能化方面的专业能力要求，具体体现在以下方面：

- 能够参与作业安全、环境智能监控和智能施工设备选型，准确提出设备需求，正确选择作业安全重点监控位置。
- 能够对安全和环境智能监控设备进行点位选择和布设，参与设备进场验收及安装、拆卸。
- 能够利用 BIM 等信息化手段及智能化设备对作业安全实施监控、检查和管理。
- 能够准确获取并正确处理安全和环境智能监控数据，保证数据和结果的可靠性。
- 能够对安全和环境智能监控设备的日常运行进行基本维护，若出现无法解决的问题，能迅速联系设备供应商或运行维护机构进行处理。
- 能够将安全和环境智能监控设备的监控数据同步至智慧工地系统。
- 在安全和环境智能监控设备发现问题报警后，能够通过 BIM 技术迅速定位问题发生位置并及时实施处置，对问题进行跟踪处理。
- 能够识别项目中所包含的危险性较大工程，并运用安全和环境智能监控设备对危险性较大工程的施工全过程进行监控。
- 能参与编制安全和环境智能监控设备施工现场安全操作手册，当安全和环境智能监控设备失效时，应有紧急预案。
- 能够利用智能化设备和 BIM 等信息化手段进行安全资料管理。

4. 智能建造背景下质量员能力要求

传统质量员要求具备以下专业能力：

- 能够参与编制施工项目质量计划。
- 能够评价材料、设备质量。
- 能够识读施工图。
- 能够判断施工试验结果。
- 能够确定施工质量控制点。
- 能够参与编写质量控制措施等质量控制文件，并实施质量交底。
- 能够进行工程质量检查、验收、评定。
- 能够识别质量缺陷，并进行分析和处理。
- 能够参与调查、分析质量事故，提出处理意见。
- 能够编制、收集、整理质量资料。

智能建造对质量员在资料管理、数据分析及工序质量控制等工作内容中要求具备以下专业能力：

- 能参与建立质量标准数据库，完善数据库资源。
- 能够高效获取标准数据库关键信息，利用质量标准数据库对质量通病进行检查。
- 能够识读 BIM 模型，选择正确的测量位置使用三维激光扫描设备进行实测实量和 BIM 点云建模辅助验收。
- 能够结合 BIM 模型进行测量结果多维度分析。
- 能够对验收结果数据进行整理和评价，对存在问题进行处理。
- 能够根据责任区域上传质量图纸、企业相关资料，线上填报项目质量日志。
- 能够将质量管理设备的验收数据同步至智慧工地系统。
- 能够利用智能化设备和 BIM 等信息化手段进行质量资料管理，并对项目质量科研成果进行总结。

4.2　智能建造背景下的施工员岗位群知识要求

在当前的技术条件和水平下，智能建造主要在传统施工技术的基础上增加 BIM 技术、信息化管理技术及智能化施工设备的应用。因此，智能建造背景下施工员岗位群知识要求的增量主要也来自于 BIM 技术、信息化管理技术及智能化施工设备应用三方面。

1. 智能建造背景下施工员的知识要求

传统施工员要求具备以下专业知识：

* 熟悉国家工程建设相关法律法规。
* 熟悉工程材料的基本知识。
* 熟悉建筑力学的基本知识。
* 掌握施工图识读、绘制的基本知识。
* 熟悉工程施工工艺和方法。
* 熟悉建筑构造、建筑结构和建筑设备的基本知识。
* 熟悉工程项目管理的基本知识。
* 熟悉工程预算的基本知识，熟悉工程成本管理的基本知识。
* 掌握计算机和相关资料信息管理软件的应用知识。
* 熟悉施工测量的基本知识。
* 熟悉与本岗位相关的标准和管理规定。
* 掌握施工组织设计及专项施工方案的内容和编制方法。
* 掌握施工进度计划的编制方法。
* 熟悉工程质量管理的基本知识。
* 熟悉环境与职业健康安全管理的基本知识。
* 了解常用施工机械机具的性能。

智能建造需要施工员增加以下专业知识：

* 熟悉危险性较大工程判别和施工要点的基本知识。
* 掌握 BIM 模型创建和识读的基本知识。
* 熟悉智能施工设备的类型和智能化施工的基本知识。
* 掌握 BIM 等信息化技术进行进度、成本、质量等方面的管理知识。
* 掌握数据分析和处理的基本知识。
* 具备一定的自动控制技术知识，了解处理智能设备硬件和软件故障的方法和途径。
* 掌握施工机器人的作业内容和工艺要求，能对边角处进行收口施工。

2. 智能建造背景下安全员的知识要求

传统安全员要求具备以下专业知识：

* 熟悉国家工程建设相关法律法规。
* 熟悉工程材料的基本知识。

- 了解建筑力学的基本知识。
- 熟悉施工图识读的基本知识。
- 熟悉建筑构造、建筑结构和建筑设备的基本知识。
- 了解工程施工工艺和方法。
- 熟悉工程项目管理的基本知识。
- 掌握施工现场安全管理知识。
- 熟悉施工项目安全生产管理计划的内容和编制方法。
- 熟悉安全专项施工方案的内容和编制方法。
- 掌握施工现场安全事故的防范知识。
- 掌握安全事故救援处理知识。
- 掌握环境与职业健康管理的基本知识。
- 熟悉与本岗位相关的标准和管理规定。

智能建造需要安全员增加以下专业知识：

- 熟悉危险性较大工程判别和施工要点的基本知识。
- 熟悉安全和环境智能监控设备的类型。
- 掌握 BIM 等信息化技术进行安全管理的知识。
- 掌握数据分析和处理的基本知识。
- 了解安全和环境智能监测的基本知识。
- 具备一定的自动控制技术知识，了解处理智能设备硬件和软件故障的方法和途径。

3. 智能建造背景下质量员的知识要求

传统质量员要求具备以下专业知识：

- 熟悉国家工程建设相关法律法规。
- 熟悉工程材料的基本知识。
- 熟悉建筑力学的基本知识。
- 掌握施工图识读、绘制的基本知识。
- 熟悉建筑构造、建筑结构和建筑设备的基本知识。
- 熟悉施工测量的基本知识。
- 熟悉工程施工工艺和方法，了解施工检（试）验的内容、方法和判断标准。
- 熟悉工程项目管理的基本知识。
- 掌握抽样统计分析的基本知识。
- 掌握工程质量管理的基本知识。
- 掌握施工质量计划的内容和编制方法。
- 熟悉工程质量控制的方法。
- 掌握工程质量问题的分析、预防及处理方法。
- 熟悉与本岗位相关的标准和管理规定。

智能建造需要质量员增加以下专业知识：

- 掌握 BIM 模型创建和识读的基本知识。
- 熟悉智能测量等质量控制设备的类型和智能化施工的基本知识。

- 掌握 BIM 等信息化技术进行质量管理的知识。
- 掌握数据分析和处理的基本知识。
- 具备一定的自动控制技术知识，了解处理智能设备硬件和软件故障的方法和途径。

4.3 智能建造背景下的施工员岗位群素质要求

智能建造跟国家和社会的发展现状和发展方向息息相关，因此，智能建造背景下的施工员岗位群必须具备较强的思想政治觉悟，要在习近平新时代中国特色社会主义思想指引下，践行社会主义核心价值观，要有强烈的社会责任感，拥有能够支撑职业和人生发展的思想政治素质。

智能建造技术专业培养的是这样的人才：面向国家建设需要，适应未来社会发展需求，基础理论扎实、专业知识宽广、实践能力突出，掌握智能建造的相关原理和基本方法；有良好的职业态度和职业道德修养，坚持职业操守、洁身自好、爱岗敬业、吃苦耐劳、诚实守信、奉献社会；具备从事职业活动所必需的基本能力和管理素质，具有质量意识、安全意识、环保意识、信息素养等基本的职业素质；更重要的是，还要求有文理交融的科学思维和科学精神，要有创新意识，树立创新强国的理念，掌握开展创新创业活动所需的相关知识，具有发现问题并创新地解决问题的能力；具备终身学习理念，脚踏实地、严谨求实；具有适应社会主义核心价值体系的审美立场和方法能力，奠定个性鲜明、善于合作的个人成长成才的素质基础。

综合考核

通过查阅文献、现场调研、校友访谈等形式，选取智能建造目前应用相对成熟的一项技术，收集相关资料，充分了解其应用场景、理论知识、具体工艺以及施工员岗位群的工作内容，完成一次含图文多媒体展示的讲演汇报。

分组：以小组为单位，建议4~6人为一组，分工合作。

考核：通过查找资料、调研访谈等方式培养同学们自主学习的能力，在完成考核内容的过程中，锻炼同学们团队合作意识；通过制作多媒体课件和讲演汇报，锻炼同学们逻辑思维和表达能力，让同学们更加熟练地应用常用办公软件。以现场投票方式完成小组考核。

Chapter 05

学习单元5

智能建造背景下的新技术融合

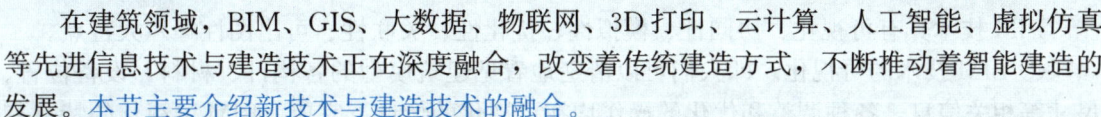

学习背景

在建筑领域，BIM、GIS、大数据、物联网、3D打印、云计算、人工智能、虚拟仿真等先进信息技术与建造技术正在深度融合，改变着传统建造方式，不断推动着智能建造的发展。本节主要介绍新技术与建造技术的融合。

任务导入

以BIM为支撑，并将其作为应用集成和多元数据融合的载体，在云平台中结合先进信息技术，打造"BIM+"智慧建造生态。这些新技术如何与传统建造技术深度融合？在工程建设领域是如何应用的呢？

5.1 BIM 技术

【知识引入】在智能建造的进程中，BIM 是最底层的技术支撑，为虚拟现实、增强现实、3D 打印等可视化手段提供模型基础，为大数据、区块链、人工智能等数据分析、处理手段提供数据保障，为物联网提供物理世界与数字世界的连接通道。

【知识内容】在《建筑信息模型应用统一标准》GB/T 51212—2016 中，将 BIM 定义为：建筑信息模型（Building Information Modeling，简写 BIM），是指在建设工程及设施全生命期内，对其物理和功能特性进行数字化表达并依此设计、施工、运营的过程和结果的总称，简称模型。

1. BIM 技术的特点

BIM 技术具有可视化、协同性、模拟性、优化性、关联性、可出图性等六大特点。

① BIM 技术的可视化。即人们可以清楚地看见建筑模型的各构件、材料、设备位置、尺寸等相关信息，各种调整和优化的操作均在可视化的情形下完成。BIM 可视化的特点有助于人们精确了解施工管理的相关操作，如复杂节点施工、专项工程交底、材料用量等都可以做到精确控制，避免失误造成返工；同时，各专业人员可以在可视的条件下进行交流和沟通，对相关参数的理解和应用也更加可靠。

② BIM 技术的协同性。就是为各参建单位提供一个协同平台，基于该平台，各参建单位能够协调一致地对项目进行同步统一管理，其管理效率将明显提高；并且由于该平台具有信息共享性，能够使各参建单位的协同管理效应发挥到最大。

③ BIM 技术的模拟性。BIM 模型在实际工程施工前可以模拟具体的施工过程，使施工人员对施工过程有事先的了解，减少施工中错误的发生；同时可以进行虚拟漫游，使人身临其境地置身于建筑物中，切身体会和感受建筑的空间架构，从而对建筑空间结构的合理性做出预判。BIM 技术的模拟性能够真实展现工程的建设过程，各专业人员在施工过程中也更加协调，同时材料、设备、机械等各种资源调配能够得到合理安排。

④ BIM 技术的优化性。利用 BIM 技术可以对施工进度、施工方案、材料资源等进行优化，使项目满足建设目标的要求。

⑤ BIM 技术的关联性。BIM 模型各构件之间具有关联性，当模型中某个构件的参数发生变化时，会引起其他构件参数的相应变化，甚至整个模型的参数信息也跟着发生变化。

⑥ BIM 技术的可出图性。在施工图设计阶段，对于已经建立的 BIM 模型，可根据实际需要，选择相关参数输出建筑的平面图、立面图和剖面图以及建筑节点详图或大样图，直接用于指导施工。

2. BIM 技术在工程建设领域的应用

BIM 是以三维数字技术为基础，集成了建筑工程项目全生命周期信息的工程数据模型，其核心是数据信息。通过对工程项目设施实体与功能特性的数字化表达，形成完善的 BIM 信息模型，可以连接建筑项目全生命周期中不同阶段、不同利益相关方的数据、过程和资源。

① BIM 在决策阶段的应用。建设工程在开展前一般都会进行项目决策，实现对项目工程的前期规划，项目的决策同时影响着整个建筑的经济效益以及具体的发展方向。在项目的决策阶段，通过 BIM 可以协助场地分析，加快决策速度，节约资金使用成本。

② BIM 在设计阶段的应用。建设工程的设计与建设工程的质量有很大的影响，与项目的资金投入等也有多方面的影响。通过合理使用 BIM 技术，结合建筑的实际要求将建筑结构、给水排水等进行科学合理的安排从而构建建筑、结构和设备模型。技术人员可以进行管线冲突检测及三维管线综合，从而将设计中的错误进行调整，不断地优化设计，很大程度减少了建设工程的成本投入，如图 5-1 所示。

图 5-1   BIM 三维设计应用

③ BIM 在施工阶段造价控制中的应用。现阶段，我国建设工程实际建造过程施工周期比较长，同时我国经济市场不稳定，这就导致建设工程造价的难度比较大。通过使用 BIM 技术，可以合理对建设工程的具体施工阶段进行划分，将大的工程划分为不同阶段的施工内容，通过模型展现出该阶段所用的建筑材料、设备等内容，并将所有的信息与招标文件等汇总分析，大大提高了成本预算的可靠性。建设工程的施工过程比较复杂，在实际的施工过程中会出现工程量变更的情况，工程量的变更不仅会使施工进度受到阻碍，也会对工程造价产生比较大的影响。通过使用 BIM 技术模拟建设过程中出现的问题，如图 5-2 所示，找出问题并给出解决方案，可以降低因工程量的变化而引起的工程造价变化的概率。此外，当工程量发生变更时，会伴随费用索赔现象的出现，当具有索赔条件时，甲乙双方必须进行合理的索赔。使用 BIM 技术，一旦工程量出现变更，系统就会自动更新工程造价的具体信息，从而保护双方利益不受损害。

④ BIM 在竣工阶段的应用。由于建设工程比较复杂，涉及的内容比较多，导致建设工程竣工验收时涉及的数据比较多，核算人员通过人工核算，使得核算过程周期较长，同时出现错误的概率比较大。使用 BIM 模型将建设工程的具体信息合理统计，然后将信息

图 5-2 BIM 虚拟施工场景

共享，便于核算人员对数据的随时取用，大大提高了核算工作效率，很大程度提高了核算工作质量。

⑤ BIM 在维护管理的应用。建设工程实际施工过程中涉及的机械设备也比较多，通过 BIM 技术可以实现对机械设备的定期维护以及对施工技术的管理，从而提高资产管理的质量。通过模型，对材料种类及数量、机械设备种类及数量等进行详细的统计并在模型中具体呈现出来，实现模型的真实可靠性。通过构建的可视化模型中对数据的标注，避免了建筑信息在传递过程中丢失以及被恶意改动，为建筑项目设计方案的更新提供了可靠的依据。为了防止出现设备故障等问题，技术人员必须不断对设备更新优化。BIM 技术具有专门的更新技术，能够实时了解设备的运行状况，从而制定科学可靠的维护方案，提高了设备的使用性能和寿命等。

5.2　GIS 技术

【知识引入】古往今来，几乎人类所有活动都与地球表面位置（即地理空间位置）息息相关，随着计算机技术的日益发展和普及，地理信息系统（Geography Information System，简称 GIS）以及在此基础上发展起来的"数字地球""数字城市"在人们的生产和生活中起着越来越重要的作用。

【知识内容】GIS 技术是多种学科交叉的产物，它以地理空间为基础，采用地理模型分析方法，在计算机硬件、软件系统支持下，对整个或部分地球表层（包括大气层）空间中的有关地理分布数据进行采集、储存、管理、处理、分析、显示和描述。地理信息技术以独特的空间观点和空间思维，从空间要素之间的相互联系和相互作用出发，揭示各种事物与现象的空间分布特征和动态变化规律。

1. GIS 技术的特点

随着三维空间信息获取技术的发展，大规模、高精度、低成本数据的获取成为现实，大幅降低了三维应用建设成本。虚拟现实、增强现实、3D 打印等新技术也在积极与 GIS 技术融合。

当下，GIS 的技术特点如下：

① 从地球表面扩展至全空间。三维 GIS 技术不仅支持侧重表达物体表面或轮廓的数据模型，如倾斜摄影模型、激光点云，也支持能够表达物体内部结构的数据模型，如 BIM、三维实体数据模型，将对地理空间的表达扩展至地理信息全空间。

② 多源数据融合。将获取的倾斜摄影、BIM、激光点云等三维数据与传统的影像、矢量、地形数据、精细模型、地下管线、水面数据、场数据等多源数据进行融合，提高了智慧景区、矿山和流域、地下管网及铁路、列车虚拟仿真等三维应用场景的建模成本和精度。多源异构三维空间数据及其在 Web 应用的增长，要求形成统一的数据规范和服务标准，以实现数据的共享和互操作。

③ Web 端三维空间可视化。随着 Web 标记语言 HTML5 技术和标准的普及，作为其重要特性的 WebGL（即 Web Graphics Library，是一种 3D 绘图协议），支持浏览器端硬件加速及三维图形的渲染和交互，通过 5G 高超的网络传输能力等优势，丰富地形、实体模型和三维实景等空间信息及空间分析结果的可视化表达，为构建 B/S 架构的三维 GIS 应用提供了可行性。

④ 三维 GIS 标准化与数据共享。三维数据呈现多源异构互不兼容的特点，为实现不同格式三维数据的共享和互操作，Skyline 的 3DML 等众多数据标准先后推出。在所有数据源都采用统一的数据和服务规范的情景下，海量三维数据在异构三维系统间的高效传输与解析成为现实，大幅降低三维 Web 应用的建设难度和建设成本。

2. GIS 技术在工程建设领域的应用

随着 CIM（City Information Modeling，即城市信息模型）概念的提出，GIS＋BIM技术在水利工程、轨道和市政工程、地下空间管理、场地分析、城市规划建设管理、建筑文物保护修复等方面的应用开始起步，处于探索阶段。GIS 技术主要用于宏观区域，包括基础地理数据、规划信息、地上地下管线系统、道路系统、人口等信息，可以为 BIM 从设计到施工各阶段提供强有力的空间分析和决策支持。BIM 技术主要用于微型单体建筑，涵盖结构、空间、消防、水暖等数据，通过多源异构数据融合，突破传统 GIS 以地图为模板的间接建模方法，将地球上每一栋建筑、每一间房子联系起来，实现对室内空间的精细化管理。

GIS＋BIM 技术集成，形成了从宏观到微观、地上到地下、空间关系和属性关系等的表达互补，实现室内外三维空间的一体化无缝衔接。如图 5-3 所示。

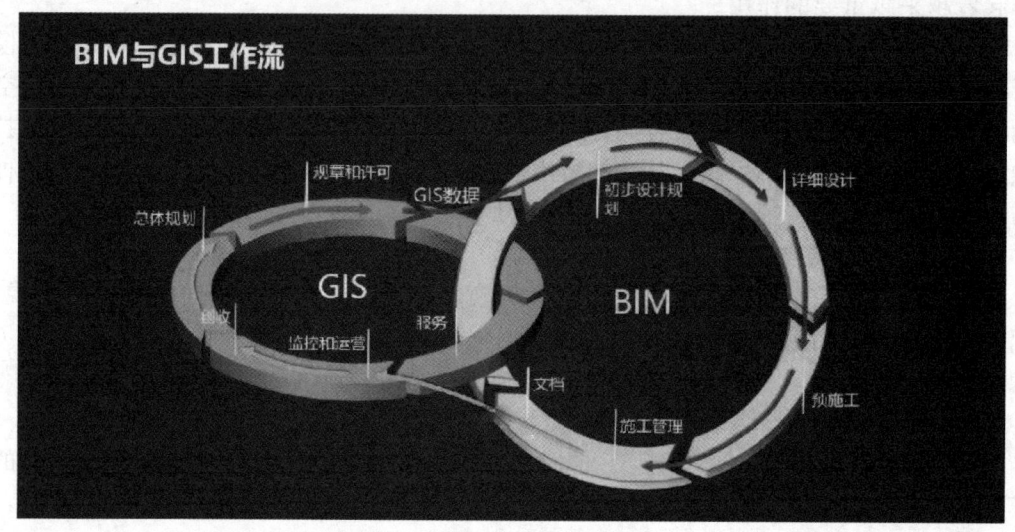

图 5-3　BIM 与 GIS 工作流

① 工程规划。通过 GIS＋BIM 技术应用，可以共享建筑空间信息和周围地理环境，从而降低建筑空间信息成本。结合 GIS 技术对区域地理环境进行空间分析，综合考虑资源配置、市场潜力、交通条件、地形特征、环境影响等因素，在区域范围内选择工程项目建设的最佳位置。通过 BIM 技术生成的建筑模型，模拟工程项目建设中的各个阶段数据的准确性和及时性，提高工程项目前期规划的科学性、合理性。

② 工程设计。通过 GIS＋BIM 技术应用，实现 BIM 与无人机实景三维模型、影像地形、CAD、点云等多元空间数据的融合，将微观设计数据与宏观地理环境联系起来，满足工程建设模拟可视化的需求。通过平纵横联动的三维空间模型展示工程建设模拟效果，为工程建设方案比选和设计成果审查提供直观的依据，为地形复杂区域工程项目设计方案决策提供信息化支持。

③ 工程施工管理。通过 GIS＋BIM 技术应用，提高长期工程项目和大型区域工程项目的管理能力。BIM 的应用对象往往是单个建筑物，利用 GIS 宏观尺度上的功能，可以将 BIM 的应用范围扩展到道路、铁路、隧道、水电、港口等工程建设领域，实现基于 GIS 的全线宏观管理、基于 BIM 的标段管理以及全线、标段精细化管理相结合的多层次施工管理。

④ 安全风险管理。通过 GIS＋BIM 技术应用，可以在精确地理位置、空间地理信息

分析和构筑周边环境的基础上，提高 BIM 模型建筑信息的完整性，对建筑项目实施过程进行数据监控和施工模拟，开展工程项目安全风险管理。如消防救援，不仅要分析事故现场周边环境，同时也需要了解建筑物内部的空间构造，如果能及时调用该建筑物的 BIM 模型，结合实景三维模型，就可以实现宏观到微观的精细化消防抢险，最大限度保障人民群众生命财产安全。

5.3 大数据技术

【知识引入】当前，建筑行业对大数据的应用主要集中在建筑材料选择、建筑结构分析、施工、成本管控等建设方面。随着社会经济的快速发展，人们生活水平的不断提高，人们对建筑的综合性要求更高，对建筑内涵也提出了新的需求。因此，利用大数据技术成为未来建筑行业重要的发展方向。

【知识内容】大数据是指海量的数据，大数据技术是一种对大规模、多样化的数据通过高速捕获、发现并进行分析、处理的技术，数据处理能力远高于传统数据库软件。

1. 大数据技术的特点

大数据具有数据体量大、数据类型多、处理速度快和价值密度低等特点。

① 数据体量大（Volume）。数据体量大是指大数据巨大的数据量与数据完整性，数量的单位从 TB 级别跃升为 PB 级别甚至 ZB 级别。随着新一代信息技术的发展及各类设备的使用，人和物的所有轨迹都可以被记录，"机器对机器"（M2M）方式的出现，使得交流的数据量成倍增长。

② 数据种类多（Variety）。伴随着传感器以及智能设备、社交网络等的飞速发展，数据类型也变得更加复杂，不仅包括传统的关系数据类型，也包括以网页、视频、音频、e-mail、文档等形式存在的原始、半结构化和非结构化的数据。

③ 处理速度快（Velocity）。处理速度快通常理解为数据的获取、存储以及挖掘有效信息的速度快。现在有些数据是爆发式产生，且数据是快速动态变化的，难以用传统的系统去处理。因此，大数据也有批处理和流处理两种范式，以实现快速的数据处理。

④ 价值密度低（Value）。在数据量呈指数增长的同时，隐藏在海量数据中的有用信息却没有相应比例地增长，反而使人们获取有用信息的难度加大。以视频为例，在连续的监控过程中，有用的数据可能仅有一两秒。

2. 大数据技术在工程建设领域的应用

大数据改变了互联网的数据应用模式，为各行业的发展带来新机遇。大数据在工程建设领域的应用主要是通过采集、存储、分析、展示在建设工程项目全生命周期产生的数据，从中汲取知识、预测未来、风险管理，辅助项目进行系统性决策，以促成项目。

① 基于大数据的工程招投标。目前，我国招投标过程中仍存在如串通投标、虚假招标等问题。而通过对工程大数据的收集、存储、分析后，既能快速核实招投标中各方信息，预测招投标相关情况，还能为交易决策提供强有力的数据支撑。如图 5-4 所示。此外，基于工程大数据，还能统计行业内的信用信息，建立招投标市场主体履约信息系统，促进工程招投标过程的公平、公正、公开。

② 基于大数据的施工管理。如在安全管理方面，工程项目具有一定复杂性，传统施工项目难以对人、材、机等进行有效控制和管理，规避安全隐患。而通过工程大数据的采集、存储、分析等环节实现其有效利用，并对工程项目安全进行风险预测；如在进度管理方面，现阶段的施工进度计划管理难以离开现有的软件以及部分进度管理系统，基于现有

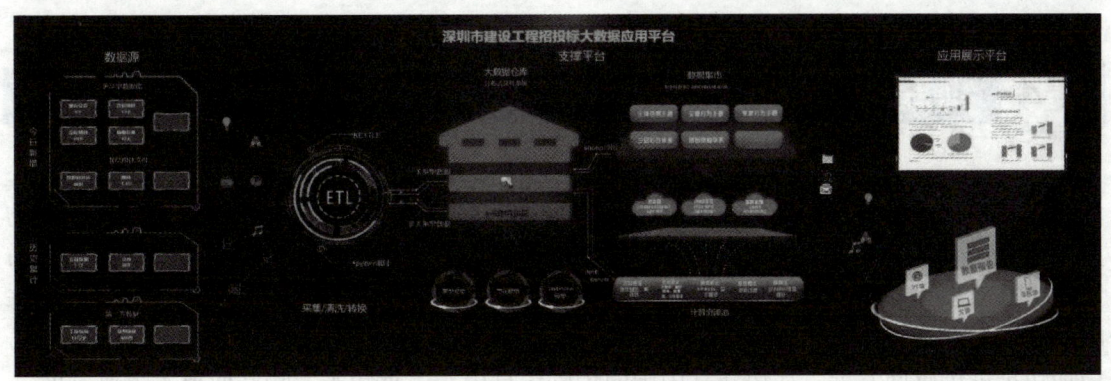

图 5-4　深圳市建设工程招投标大数据应用平台

软件、系统收集的进度数据，并对其进行汇集、分析，可得出影响进度的因素及工期履约情况；如在质量管理方面，依靠对工程大数据分析，施工单位能够全面掌握凝土抗压强度、钢筋的焊接等数据，从而有效预判、管理和解决施工质量问题；如在环境管理方面，施工单位可利用建筑废弃物监管系统，实现对现场废弃物的计量、运输、处理等环节的信息化管理，政府则能宏观地了解项目废弃物的总体排放、回收情况。

5.4 物联网技术

【知识引入】1999 年美国人首次提出物联网概念，并提出物联网的最初愿景：任何物品（商品）能够彼此进行"交流"，而无需人的干预；2005 年国际电信联盟（ITU）发布了《ITU 互联网报告 2005：物联网》，报告指出，无所不在的"物联网"通信时代即将来临；2009 年温家宝总理在视察中科院无锡高新微纳传感网工程技术研发中心时指出，希望加快推进传感网发展，尽快建立中国的传感信息中心。近年来，物联网技术飞速发展。

【知识内容】物联网是指通过识别技术、传感器技术、智能通信技术等信息技术和传感器、电子代码、摄像头等设备，实时采集任何需要监控、连接、互动的物体或过程，采集其物理、化学、生物、位置等各种信息，与互联网结合形成一个巨大网络，实现物物、物人、人人等与网络的连接，进行信息交换、通信和智能处理。

1. 物联网技术的特点

物联网技术主要具有全面感知、可靠传输、智能处理与决策等特点。

① 全面感知。即使用 RFID、传感器、二维码等随时随地获取物体的信息。数据收集方法很多，实现数据收集多点化、多维化、网络化。从感知层面来讲，不仅体现在对单一的现象或目标进行多方面的调查、观察获得综合的感知数据，也体现在对现实世界各种物理现象的普遍感知。

② 可靠传输。经过各种承载网络，包含互联网、电信网等公共网络，还包含电网和交通网等专用网络，建立起物联网内实体间的广泛互联，具体体现在各种物体经由多种接入形式完成异构互联，错综复杂，形成"网中网"的形态，将物体的信息实时准确地相互传递。

③ 智能处理与决策。使用云计算、模糊识别和数据融合等各种智能计算技术，对海量数据和信息进行处理、剖析和对物体实施智能化的控制。体现在物联网中从感知到传输到决策应用的信息流，并最终为控制提供支撑，也广泛体现出"物"与"物"间的关联和互动。物联网和互联网相比较最杰出的特征是实现了非计算设备间的点点互联、物物互联。

2. 物联网技术在工程建设领域的应用

2013 年以来，随着传感技术、云计算技术、异构网融合技术等关键技术的不断成熟，物联网从以往的孤立、碎片化阶段步入了跨行业整合、大规模发展创新的实质阶段，促使物联网技术应用于交通、物流、工业生产、工程建设等领域中，下面主要介绍物联网在工程建设领域的应用。如图 5-5 所示。

① 基于工程物联网的人员管理。在施工现场中，安全管理的核心就是实时有效地保证施工作业人员的安全。如佩戴智能可穿戴设备，可以帮助管理人员获取施工人员的位置和人数，提示危险区域，及时发现施工人员跌倒现象，还可以帮助掌握施工人员的疲劳程度、测试施工现场的扬尘等级，从而确定合理的施工人员工作时长；也可以进行人员定位跟踪，在移动设备上访问人员信息，自动化跟踪大量人员数据，帮助管理人员实时了解人

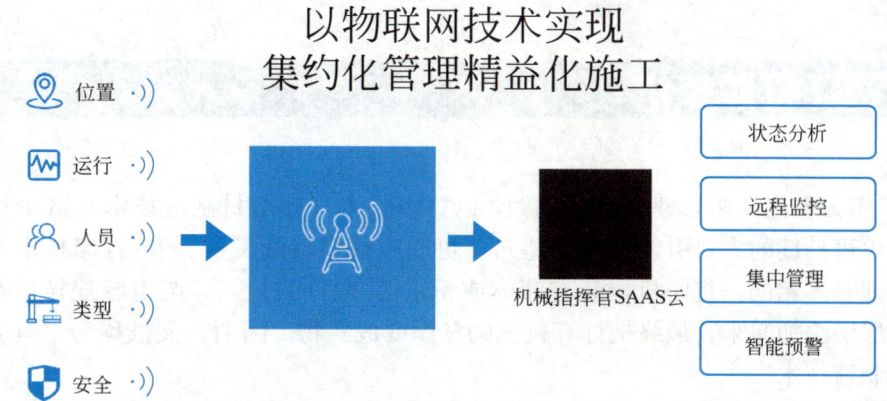

图 5-5　物联网在建筑领域应用

员工作状态。此外，还可以借助面部识别、射频识别标签监测任何未许可人员或入侵者进入禁区，确保建筑工地和资产的安全。

②　基于工程物联网的物料管理。应用于物料管理中的物联网技术，可以实现物料管理的实时化、可视化、透明化、智能化监管，使材料使用者适时、适量、适地、适质地使用，满足合同要求的质量。如对重要的建筑材料在生产过程中植入 RFID 芯片或电子标签，在材料运输、进场、出入库、盘点、领料等施工过程中，采用 RFID 电子标签阅读器进行信息的快速读取，通过物料网进行跟踪和监控，方便物流、仓库管理。

③　基于工程物联网的设备管理。通过识别安装在设备中的 RFID 标签和读取传感器信息，获取设备相关信息，借助无线传输方式传送到信息处理中心，利用先进的数据融合技术，对采集到的数据信息进行分析和处理，实现对工程机械设备的高效管理和监测。物联网技术的应用极大地提高了工程机械设备使用时限报警的智能化程度，确保了工程项目建设的安全性，同时也避免了因设备管理不善导致的工程进度缓慢的问题。

④　基于工程物联网的环境管理。通过分布在建筑中的光照、温度、湿度、噪声等各类环境监测传感器，可以对代表环境污染和环境质量的各种环境要素进行监视、监控和测定，使管理人员可以实时掌握建筑施工过程中的环境质量状况，从而采取相应措施，改善环境质量。

5.5 3D 打印技术

【知识引入】近年来，建筑行业通过 3D 打印技术（即增材制造技术）减少行业碳足迹，利用更可持续的方式引领可持续建筑，可回收材料持续发展。3D 打印技术与普通打印工作原理基本相同，打印机内装有液体或粉末等"打印材料"，与电脑连接后，把"打印材料"层层叠加起来，最终把计算机上的蓝图变成实物。因而，又被称为"具有工业革命意义的制造技术"。

【知识内容】3D 打印技术以数字模型文件为基础，融合了计算机辅助设计、材料加工与成型技术，通过软件与数控系统将粉末状、丝化、液化等可粘合材料（包括专用的金属材料、非金属材料等），按照挤压、烧结、熔融、光固化、喷射等方式逐层堆积，构造出三维实体物品。

1. 3D 打印技术的特点

① 快速性。与传统制造方式相比，3D 打印通过 STL 文件实现与 3D 数字模型的无缝连接，然后由 3D 打印机加工 3D 打印材料完成原型制作，不仅具有制造工艺流程短、全自动等特点，而且可以使得产品按需就近生产，进而促进制造过程向快速化、高效化迈进。

② 高度集成化。在成型工艺中，3D 打印技术首先借助 CAD 等软件进行产品数字化建模，然后通过"切片"成层处理将模型转化为可以直接驱动 3D 打印机的数控指令，最后根据数控指令完成相应零部件的制造，实现设计和制造过程一体化。

③ 高度柔性。3D 打印技术是以 3D 数字模型为基础的真正数字化制造技术，仅需改变数字模型，调整或重新设置加工参数，就可以实现不同类型产品的制作；同时在成型过程中，3D 打印无须使用专门的夹具或工具，从而使成型过程具有极高的柔性。

④ 自动化程度高。3D 打印是一种完全自动的成型过程，操作者只需要在成型之初输入一些基本的工艺参数，后期无须或较少地实行干预。当出现故障时，设备会自动停止并发出警报。当产品完成后，设备会自动停止并呈现相应的成果。

⑤ 与工件复杂程度无关。3D 打印是基于三维模型数据，采用逐层制造的方式来构造三维实体。因此无须模具，任何高性能难成型的产品均可通过"打印"的方式一次性直接成型，不需要组装，大大简化了加工过程，实现了产品多样化、设计空间无限化等。

2. 3D 打印技术在工程建设领域的应用

目前，3D 打印技术已被广泛应用于各行各业，如工程建设领域、生物医学、航空航天、军事、制造业等领域，正迅速改变着人们的生产生活方式。下面主要介绍 3D 打印技术在工程建设领域的应用，如图 5-6 所示。

① 基于混凝土分层喷挤叠加的增材建造。3D 打印混凝土建造工艺以混凝土及其他粘合剂等为打印"油墨"，通过层层打印、堆积形成三维实体。这项工艺首先通过喷嘴在指定位置喷出混凝土材料进行分层堆积来构建外部轮廓，再向内部填充相应材料形成混凝土构件。与传统混凝土建造工艺相比，3D 打印混凝土建造工艺无须模板便可直接成型，打

图 5-6 3D 打印低碳圆顶房

（来源：Mario Cucinella Architects 、WASP）

印过程几乎无须人力，且具有绿色环保、节约材料和建造效率高等优势。2019 年 1 月 12 日，步行桥工程在上海宝山智慧湾落成，这是自主开发的混凝土 3D 打印技术建造出的全长 26.3m、宽度 3.6m、拱脚间距 14.4m 的单拱结构承受荷载的步行桥，是目前全球最大规模的混凝土 3D 打印步行桥，如图 5-7 所示。

图 5-7 混凝土 3D 打印步行桥

② 基于砂石粉末分层粘合叠加的增材建造。该技术是以砂石粉末为原料，通过喷挤胶粘剂来选择性地逐层胶凝硬化，从而实现三维实体的堆积成型。2012 年以来，瑞士苏黎世联邦理工学院的 Michael 等人以砂石粉末为材料，通过数字算法建模、分块三维打印和垒砌组装等过程，建造了一个被称为数字异形体的 Grotesque 构筑物。

③ 基于大型机械臂驱动的材料三维建造。以大型机械臂为数字设计建造主导设备，通过运用三维空间结构的构成方式增强材料本身的力学特性，在空间中实现三维自由绘制，该建造逻辑突破了分层叠加的增材过程，是一种材料的三维空间建构。2017 年，同

济大学建筑与城市规划学院袁烽教授团队以改性塑料为打印原材料，运用 7 轴机器臂装备进行 24h 不间断工作，并借助空间打印技术，最终成功建造出了一座长 11m、宽 11m、高约 6m 的"云亭"，如图 5-8 所示。

图 5-8　改性塑料 3D 打印云亭

5.6 人工智能技术

【知识引入】繁重的科学和工程计算本来是要人脑来承担的，如今计算机不但能完成这种计算，而且能够比人脑做得更快、更准确，因此，现在人们已不再把这种计算看作是"需要人类智能才能完成的复杂任务"。"人工智能就是研究如何使计算机去做过去只有人才能做的智能工作。"这些说法反映了人工智能的基本思想和基本内容。目前该专业也成为普通高校招生的热门专业之一。

【知识内容】《人工智能标准化白皮书》认为，人工智能是利用数字计算机或者数字计算机控制的机器模拟、延伸和扩展人的智能，感知环境、获取知识并使用知识获得最佳结果的理论、方法、技术及应用系统。

1. 人工智能技术的特点

① 以人为本，为人类提供服务。从根本上来说，人工智能系统必须以人为本。这些系统是人类设计出的机器，按照人类设计的程序、算法、硬件载体进行运行或工作，其本质体现为计算。通过对数据的采集、加工、处理、分析和挖掘，系统形成有价值的信息流和知识模型，为人类提供延伸人类能力的服务，实现人类期望的一些"智能行为"的模拟。

② 环境感知，与人交互互补。人工智能能够通过各类传感器对外界环境进行感知，接收来自环境的各类信息并做出必要的反应。借助一定载体，人与机器间进行交互、互动，使机器能够理解人类的需求，并实现机器与人类的共同协作、优势互补。

③ 有自适应性，能迭代学习。在理想情况下，人工智能可以根据环境、条件变化来自适应调节参数或更新优化模型；并在此基础上广泛扩展与云、端、人、物的数字化连接，实现机器客体乃至人类主体的演化迭代，从而应对不断变化的外部环境。

2. 人工智能技术在工程建设领域的应用

目前，机器学习、自然语言处理、计算机视觉、生物特征识别等人工智能的核心技术已被运用于建筑设计、施工、运维等阶段，成功替代了建设工程全生命周期中存在的大量简单重复的体力和脑力劳动，极大地解放了劳动力并提升了工作效率，提高了工作的精准度和工程质量。

① 机器学习在建筑领域的应用。机器学习从数据或样本出发，寻找规律并利用规律，基于反复试验来学习或模拟人类行为。在建筑领域，机器学习可以基于对现有数据的学习，列举海量的组合和替代方案，并不断优化路径进行自我纠偏，选出最佳方案，辅助项目决策。如在建筑设计阶段，机器学习算法凭借计算机的存储能力、记忆能力和运算能力，在不断地寻找规律中创造出更优的建筑设计方案；如在建筑施工阶段，机器学习能够用于项目的精确测算和决策辅助，通过各类传感器自动获取施工现场信息，从而根据现场情况自行调整人员、材料、进度、预算的规划策略。

② 自然语言处理技术在建筑领域的应用。自然语言处理技术可以将非结构化的文本信息转化为结构化信息，如在设计阶段，对项目中使用建筑信息模型的用途进行分类，并

对原有案例的设计协调、冲突检测进行学习，这样获取相似案例，为建设项目的图纸设计和方案规划提供辅助决策；在施工阶段，辅助管理人员进行合同管理。如工程索赔方面，提取索赔文本和关系，实现建筑索赔法律自动化分析。

③ 计算机视觉技术在建筑领域的应用。利用计算机视觉技术结合机器学习的理论和方法可以实现图像场景的自动化识别和分类，如图 5-9 所示，机器能够像人一样提取、处理、理解和分析图像以及图像序列，将这些应用延伸至建设工程领域，可以帮助完成设计阶段快速建模、现场材料设备检测等任务。如根据卫星航拍的建筑轮廓，通过图像识别实现二维图形到三维模型的自动生成。在施工阶段，可以辅助开展施工安全等的现场监控，如塔式起重机交叉作业时的碰撞事故、设备超载、结构受损等，从而实现实时安全引导，减少安全事故发生。

图 5-9　全息现实技术

④ 生物特征识别技术在建筑领域的应用。生物特征作为智能化认证的重要技术，可实现对指纹、掌纹、人脸、虹膜、声纹、步态等多种生物特征的识别。如在施工阶段，基于人脸识别系统实现现场自动化人员考勤管理；后期运维和管理也是建筑全生命周期中的关键环节，从简单的人脸识别、指纹开锁到智能家居系统，人工智能已经在建筑运维中为用户提供了多种便捷的服务。将基于生物特征识别的人工智能系统用于建筑的运维管理，可以实现人员进出口自动控制、费用在线缴纳以及温度、灯光、湿度等的自动调控。

5.7　区块链技术

【知识引入】国家高度重视区块链行业发展。2021 年，各部委发布的区块链相关政策超过 60 项，区块链不仅写入"十四五"规划纲要中，各部门更是积极探索区块链发展方向，全方位推动区块链技术赋能各领域发展。

【知识内容】狭义来讲，区块链是一种按照时间顺序将数据区块以顺序相连方式组合成的链式数据结构，并以密码学方式保证的不可篡改和不可伪造的分布式账本。广义来讲，区块链技术是利用块链式数据结构来验证与存储数据，利用分布式节点共识算法来生成和更新数据，利用密码学的方式保证数据传输和访问的安全，利用由自动化脚本代码组成的智能合约来编程和操作数据的一种全新的分布式基础架构与计算范式。

1. 区块链技术的特点

从应用视角来看，区块链是一个分布式的共享账本和数据库，涉及数学、密码学、互联网和计算机编程等多项科学技术。

① 去中心化。去中心化是区块链最本质、最突出的特点，又称分布式特点。区块链网络内没有中心管制，除了自成一体的区块链本身，通过分布式核算和储存，内部的各个节点都可以记账并进行自我验证、储存和管理，这个过程不依赖第三方管理机构，从而规避了操作中心化的弊端。

② 可追溯性。每一个区块都记录着前一个区块的哈希值（即 HASH，来源于密码学的一个函数），区块与区块间形成了一条完整的链，这使得区块链的每一条记录都可以通过其链式结构追溯本源。

③ 开放性。区块链技术基础是开源的，除了交易各方的私有信息被加密外，区块链的其他数据对外公开透明，任何人都可以读写相关区块链数据，开发相关应用。

④ 安全性。任何个人或机构想要改变区块链网络内的信息，都需要掌握整个系统中超过 51% 的节点，而这个过程难度极大，这便使区块链本身变得相对安全，避免了恶意的数据篡改。

⑤ 匿名性。单从技术上来讲，区块链是基于算法以地址来实现寻址的，各区块节点的个人身份不需要公开或验证，信息传递可以匿名进行，这也是区块链不可控的一点。

2. 区块链技术在工程建设领域的应用

区块链系统具有以上显著特点，使得区块链技术在金融、物流、数字版权、工程建设等领域也有着广泛的应用。

① 基于区块链技术的工程招投标。建设工程项目在传统招投标过程中，往往会在资格预审和评标等环节耗费大量的时间和精力，而借助区块链技术的不可篡改性，建立一个建筑行业资信平台，可以辅助身份验证，从而极大简化招标资质审核过程，使工程招投标更加透明、招投标结果更加可信赖。

② 基于区块链技术的施工管理。施工管理是利用区块链技术的安全性、不可篡改性和可追溯性的特点，并借助自主可控区块链底层、云架构＋微服务、智能水印＋防止截屏

等技术，不仅具有高安全、高可用的特性，还支持弹性扩展，保证数据真实，防止次生管理问题，既保障了建设工程质量安全，也提升了对工程建设质量安全的监督管控和预警能力。2020 年 1 月，住房和城乡建设部提出以区块链等技术为支撑在湖南省、深圳市、常州市开展绿色建造试点工作，推动智慧工地建设和智能装备设备应用，实现工程质量可追溯，从而提高工程质量和管理效率。

③ 基于区块链技术的房屋销售及产权管理。不同类型的不动产需要行政主管部门进行分散登记与管理，会造成不动产交易市场信息分散，信息公开不及时。另外，二手房交易、房屋租赁市场中存在买卖信息滞后、交易效率低下、信用机制缺乏以及隐私泄露等痛点，恶化了市场环境，阻碍了房地产业的发展。区块链的去中心化、可追溯、防篡改等特点与房地产相关业务有诸多契合之处，各地正基于区块链技术逐步建立不动产交易信息平台，如图 5-10 所示。2018 年，雄安新区联合中国建设银行、链家、蚂蚁金服等公司开发了区块链租房平台，解决了交易过程中安全和效率问题，简化房产租赁流程、加快交易、降低中间成本。

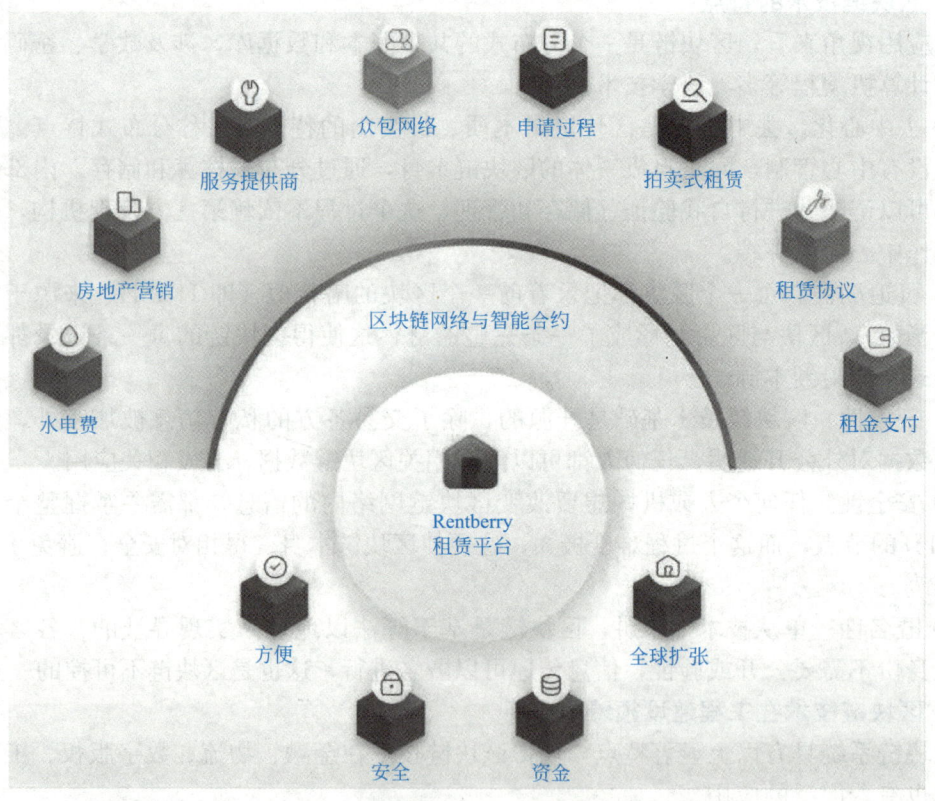

图 5-10　区块链技术在不动产租赁平台的应用

5.8 虚拟现实技术

【知识引入】虚拟现实起源于 1965 年美国 Ivan sutherland 在 IFIP 会议上发表的题为 "The ultimate Display"（终极的显示）的论文。论文中提出，人们可以把显示屏当作"一个通过它观看虚拟世界的窗口"，以此开创了研究虚拟现实的先河。1968 年 Ivan sutherland 研究成功头盔显示装置和头部及手部跟踪器。20 世纪 80 年代后期信息处理技术的飞速发展促进了 VR 技术的进步。20 世纪 90 年代初国际上出现了 VR 技术的热潮，VR 技术开始成为独立研究开发的领域。

【知识内容】VR 技术是一种利用计算机创建并体验虚拟环境的仿真系统，它通过融合多源信息的、实时的三维动态视景，以自然的方式与基于实体行为的系统相交互，从而使用户得到视觉、听觉、触觉一体化的沉浸式体验。

1. 虚拟现实技术的特点

① 沉浸性。也称临场感，作为虚拟现实技术的最主要特征，它是指用户从心理和生理上感受到置身于计算机所创建的三维虚拟环境的真实程度。沉浸性来源于对虚拟环境的多感知性，包括视觉感知、触觉感知、味觉感知、嗅觉感知和运动感知等，以实现在用户对虚拟空间中刺激的感知，达到思想共鸣、心理沉浸，产生如同进入现实世界的效果。

② 交互性。这是一种近乎自然的交互，是用户对虚拟世界中对象的可操作程度和从环境中得到反馈的自然程度（包括实时性）。在虚拟空间中，用户借助各种专用设备（如头盔显示器、数据手套等）以自然的方式在虚拟环境中自主交流或操作对象时，周围环境会产生如同真实世界的反应。

③ 构想性。也称想象性，是用户进入虚拟空间，实现与周围对象的交互，进而扩宽事物的认知范围，以创造出真实世界不存在或不可能发生场景的能力程度。构想性也可以理解为用户对虚拟环境中多源信息和自身行为的认知，通过联想、推理和逻辑判断等思维过程，对复杂系统中的运动机理和规律进行深层次认识。

2. 虚拟现实技术在工程建设领域的应用

① 基于虚拟现实技术的建筑规划设计。设计人员利用 VR 技术可以可视、动态、全方位地展示建筑物所处的地理环境、建筑外貌、建筑内部构造和各种附属设施，使人们能够在一个虚拟环境中，甚至在未来建筑物中漫游，如图 5-11 所示。目前，VR 技术已成为建筑方案设计、装修效果展示、方案投标、方案论证及方案评审的有力工具。

② 基于虚拟现实技术的建筑施工管理。在三维可视化虚拟环境中，设计人员可利用 CAD 设计软件建立对象结构实体模型，将模型的几何信息输入有限元分析软件（如 AN-SYS 等）中，建立三维可视化有限元模型，然后对有限元模型进行计算分析。有限元模型数据和分析结果数据分别存入相应的数据库中，并转化成图形数据文件，表达为图形或图像的形式，使设计人员沉浸在三维可视化的虚拟环境中观察模型的模拟和计算，并实时地对模拟过程进行修改，直到获得满意的方案。最后将最优施工方案的结果存入数据库，为绘制施工图提供可靠依据。

图 5-11　虚拟现实全景技术

　　③ 基于虚拟现实技术的建筑运维管理。在设施管理中，运维人员借助 VR 技术，根据建筑内部各系统中实际设施设备、管线之间的关系，搭建三维可视化模型，对吊顶、地下部分等隐蔽工程和可见部位的状态进行实时检测，并进行快速维护管理。

5.9 增强现实技术

【知识引入】增强现实技术（Augmented Reality，简称 AR），是一种将真实世界信息和虚拟世界信息"无缝"集成的新技术，是把原本在现实世界的一定时间和空间范围内很难体验到的实体信息（视觉信息、声音、味道、触觉等）通过模拟仿真后再叠加，将虚拟的信息应用到真实世界，被人类感官所感知，从而达到超越现实的感官体验，实现了从"人去适应机器"到技术"以人为本"的转变。随着科技的发展，增强现实越来越贴近人们的生活。

【知识内容】增强现实技术也被称为扩增技术，指的是用虚拟内容来做视觉上的增强，通过屏幕或投影设备来显示，其本质是通过计算机技术将生成的虚拟物体、场景、视频、音频、动画及提示信息等叠加到真实世界，通过混合技术给用户呈现一个信息增强的现实世界与虚拟世界的混合体。

1. 增强现实技术的特征

① 虚实交融。也称虚实结合，是将虚拟对象合成或叠加到真实世界，实现虚拟环境与真实环境的融合，强化真实而非完全替代真实。用户可以在虚实融合的世界里更细致地观察内容，探索世界的奥妙。

② 实时交互。是使用户进入虚实融合的环境后产生的一种具有"真实感"的复合视觉效果场景，该场景可以跟随真实环境的变化而改变。如虚拟对象可以同用户或真实对象以自然的方式交互，用户也可以通过实时操作、多感官信息的获取，体验情感交互与认知交互。

③ 三维注册。又称三维沉浸，指利用用户在三维空间里的行为来调整计算机中的虚拟信息，使用户的心理和生理在虚拟世界中得到的认知体验与真实世界中的一模一样，甚至超越在真实空间的体验感。

2. 增强现实技术在工程建设领域的应用

增强现实技术是将相应的数字信息植入虚拟现实世界界面，有力填补了建筑业向数字化、信息化迈进中对可视化管理平台缺失的问题。

① 基于增强现实技术的建筑设计仿真。增强现实可以与虚拟现实一样进行建筑设计仿真，但与虚拟现实的建筑设计仿真相比，增强现实在进行设计的过程中，设计人员可以不用对建筑的周边环境进行建模处理，这样不仅能够缓解设计人员在仿真工作中的工作量，同时也能够对建筑设计的进程起到促进作用。在最后的输出结果中，周边环境的情况真实有效，设计人员会更加贴切和合理地做出建筑设计方案并能够做出准确有效的评估。

② 基于增强现实技术的建筑施工。技术员与工人在施工现场利用 AR 技术所形成的图像进行交底，如图 5-12 所示。如利用 BIM 软件或其他 3D 类软件，制作工法样板相关模型以及工艺工序动画，封装以后，载入 AR 平台，通过这类平台对现实环境进行扫描，从而将制作的 BIM 模型与现实环境相关联，投影到现实世界的图样中。此种方式将纸质版的施工工艺方案作为 AR 施工的触发载体，结合方案中涉及的 BIM 节点、工艺流程动画

等，直观感受需要被建造的结构及其与现实空间的关系，并且快捷查看建筑信息。相比于前一种交底方式的BIM模型，此图像更为直观，让人更容易理解空间关系。这种方法操作简单，性价比较高。

图 5-12　基于增强现实技术的建筑施工

综合考核

技术进步是技术不断发展、完善和新技术不断代替旧技术的过程。改革开放以来，我国建筑施工技术水平的发展突飞猛进，建筑行业不断总结经验，中国建筑业以前所未有的规模和速度发展。BIM、GIS、大数据、物联网、3D打印、云计算、人工智能、虚拟仿真等先进信息技术与建筑工程建造技术，从不同侧面、不同角度、不同场景中展开了深度融合，为智能建筑到智慧建筑提供了可能。请同学们查阅资料，收集整理新技术在建筑工程中应用的场景，并分析使用的成效。在此过程中，请同学们进一步梳理70多年来我国科技创新亮眼的"成绩单"，让自豪感满满！

分组：班级同学分组，以4～6人一组，每个同学的分工由小组组长确定。

成果：撰写不少于1500字的文献综述报告，尽可能附上文献中所获得的数据和现场图片等相关材料。

考核：以成果完成的深度和广度，报告的完整合理性、支撑材料的逻辑性和说服力强为评分标准。

学习单元6

智能建造背景下的施工机械和设备

Chapter **06**

学习背景

　　智能建造装备是一种能够半自主或全自主工作的，具有感知、分析、推理、决策、控制功能的智能建造装备的统称。它是先进建造技术、信息技术和智能技术的集成和深度融合。智能建造装备的发展可以同时满足成本、质量、安全的要求，弱化人为因素的影响，解决建造方式粗放、劳动生产率不高、建筑工人短缺等突出问题。大力发展智能装备，促进中国建造从价值链中低端向中高端迈进，实现建筑标准化、智能化的生产方式。本节主要介绍带来建筑生产方式变革的智能建造装备。

任务导入

　　智能建造装备包括智能施工机械和智能设备。作为智能建造技术专业的学生，我们需要了解智能建造装备的主要种类有哪些，运用于哪些建筑细分领域，如何在工程中使用。

6.1 智能施工机械

随着施工技术水平不断提高，建筑施工机械的智能化水平大大提升。建筑施工机械的质量，在一定程度上对于工期进度的快慢有着很大的影响。提高建筑施工机械的自动化程度，采用智能化控制模式，可以有效避免施工人员在狂风暴雨、夏日暴晒的环境进行施工，同时降低施工难度，增强施工人员安全性。下面主要介绍已研发并运用于实际工程的智能施工机械。

6.1.1 单塔多笼循环运行施工电梯

单塔多笼循环运行施工电梯，克服了高层建筑施工时配置多部电梯占用较多作业面等问题，在单个导轨架上挂设多台施工电梯梯笼，并设置旋转换轨机构，实现梯笼在高空旋转180°变换轨道，从而成倍提高导轨架的运输能力，整体达到国际领先水平。

循环电梯系统由附着系统、旋转换轨系统、导轨架和梯笼、供电系统、综合调度及安全保障系统组成，打破传统单个梯笼"直上直下"的运行方式，改为多个梯笼"左上右下"的循环运行方式，单个导轨架上同时运行多部梯笼，从而成倍提高导轨架的运输能力。

该项技术在多个方面进行了技术创新，实现了多部梯笼循环运行新模式，实现了导轨架地上运行和地下室检修功能分区；高精度旋转换轨技术，实现梯笼在高空旋转180°变换轨道；分段供电技术，解决多梯笼循环运行时的电压降等技术难题；群控调度系统技术，实现多部梯笼群体控制及高效调度；多级安全控制系统技术，保障多梯笼循环运行时的安全；微曲线梯架设计与应用技术，能适应超高层建筑外立面的变化，减少进站平台距离，节省材料成本，在提高电梯运行安全水平的同时节能环保，有效解决了超高层垂直运输难题。

智能化高精度旋转换轨技术，旋转换轨机构作为导轨架的一部分，由中心传力筒和外框旋转架体组成，伺服电机驱动外框架体绕着中心筒旋转，梯笼停靠在旋转换轨机构处由旋转换轨机构带动梯笼完成旋转变换轨道。旋转电控系统智能化程度高，可自动检错纠错、完成高精度转定位功能，可靠性高，可适应复杂苛刻施工环境。

智能群控调度系统，最大化发挥新型循环施工电梯的运行潜能，提高功效，节约成本及资源；同时配套设置了数字云平台智慧控制中心，施工电梯无人驾驶、智能监控，保障电梯安全运行；多重校验的平层定位装置，保证梯笼高度信息准确，采用两条单独供电线路的冗余设计和旋转不可动及旋转排他性设计，多维度确保电梯安全运转，如图6-1所示。

6.1.2 无人驾驶塔机

智能塔机控制系统以设备安全为核心，解决了塔机运行时的安全痛点。其中智能化模

图 6-1　单塔多笼循环运行施工电梯

块包括防冲顶、防溜钩、防外挂、平稳起升、变幅防摇、回转平稳、倍率检测、钢丝绳乱绳检测、可视化系统、数据互联、数据分析、远程诊断等各项功能。

　　在智能体感操控模式下，操作人员可在地面通过穿戴设备进行操控，其中操作手环可以根据操作人员手势的变化，控制塔机做出相应动作。此外还可以在与塔机互联的控制面板点击预设的点位或一键呼叫，实现塔机自动运行，平稳高效，且精确度可控制在毫米级别，如图 6-2 和图 6-3 所示。

图 6-2　无人驾驶塔机（一）

图 6-3　无人驾驶塔机（二）

6.1.3　可变角度斜附式塔机

　　可变角度斜附式塔机，是基于高精度控制系统及角度变换装置，实现塔身倾斜，依靠无线通信完成远程吊装运行，具有"远吊幅、高效率、低成本"三大优势，成功解决了传统塔机在大倾角外立面高耸结构（大型桥塔、高层建筑等）施工过程中，吊幅覆盖范围局限、附着长度过长、施工效率降低、高空安装操作困难等弊端。

设计具有转动铰与竖向滑动机构的特殊转换节，使得节段上部能够绕远端铰接点旋转，从而带动衔接标准节转动，完成塔身标准节变形动作。基于多体运动学仿真分析，形成的斜附式塔机运动轨迹参数，构建高精度控制系统，严格控制各油缸运行速度及转换节转动角度，实现双附着协同驱动相应塔身变形，自由段塔身始终保持垂直状态；同时，依靠全塔机监测系统，实时测定关键受力与运动参数，确保斜附式塔机精确安全运行，如图 6-4 所示。

图 6-4　可变角度斜附式塔机

6.1.4　悬挂式重载升降机

悬挂式重载升降机，主要由骨架结构、附着结构、下移装置、重载轿厢、钢栈桥等部分组成，可解决基坑及地下工程施工中传统出土机具及材料等运输方式存在的占地面积大、效率低、后期拆除成本高且耗时久等问题。悬挂式重载提土装置，通过内置升降轿厢实现运土车在地面与坑底的垂直运输，无须设置出土坡道，占地面积小、出土效率高。运行速度可达 15m/min，对于 25m 左右深度基坑，上下一次全过程仅耗时 5～7min，尤其适用于狭窄深基坑施工。骨架结构可在顶部进行加节，并通过侧向的下移装置实现架体的快速整体下移，随挖随降，与基坑施工进度相适应，减少关键线路的占用。主要构件均采用螺栓连接，周转率高，可有效降低成本，采用多道安全防备保障运行；同时升降机利用5G 传输技术操纵现场设备，实现远程集中操控，可识别车辆运行状态，自动升降及开关门，实现无人化作业，优化工人作业环境，提高施工安全性。

系统可自动称量土方车运输量，并进行施工量统计，具象化显示已完成工程量比重和任一天工作量并作出预测，及时预警。作业人员可通过手机端实时监控设备运行状态，接收设备维修工单。如图 6-5 所示。

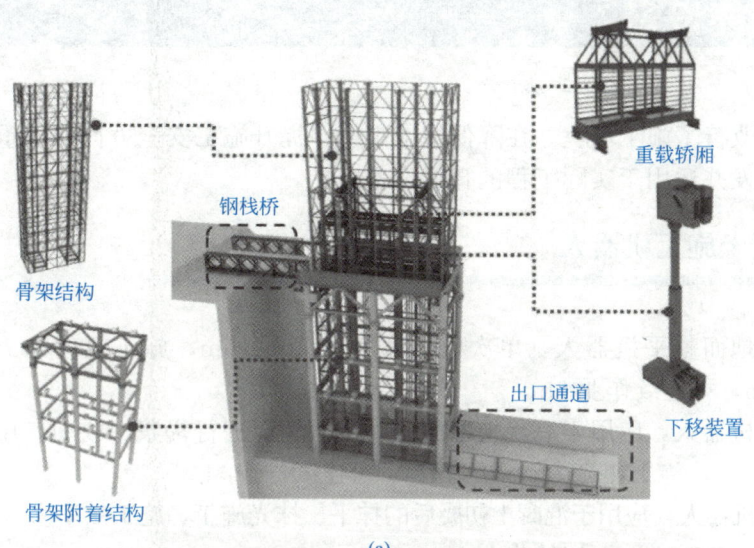

骨架结构

钢栈桥

重载轿厢

出口通道

下移装置

骨架附着结构

(a)

(b)

图 6-5　悬挂式重载升降机

（a）安装示意；（b）施工现场

6.2 智能设备

智能设备改善了施工环境，在降低施工难度、提升施工安全方面取得重要突破。下面主要介绍已研发并运用于实际工程的智能设备。

6.2.1 混凝土施工机器人

四轮激光地面整平机器人，单次整平宽度在 $2\sim2.5m$，施工效率为 $700\sim900m^2/h$，扫平精度 2mm，可连续作业 6h。

履带抹平机器人，应用于混凝土地面初凝后对地面进行提浆、收面、压实，施工效率为 $300\sim400m^2/h$，施工速度为 $0\sim0.5m/s$，可连续作业 3h。

地面抹平机器人，应用于混凝土初凝后的抹平、抹光施工，施工效率为 $1000\sim1500m^2/h$，施工速度为 $0\sim0.5m/s$，可连续作业 3h。

三款机器人全天流水作业，构建出了混凝土施工流程自动化、一体化建造新工艺。同时使用三款机器人，施工效率比人工施工提升 114%，机器人施工平整度控制在 $3\sim4mm$ 以内，平整度显著提升，如图 6-6 所示。

图 6-6 混凝土施工机器人

6.2.2 钢筋绑扎机器人

钢筋绑扎机器人 1.0（RBBD-Bot），结合 5G 通信技术、智能传感技术以及图像识别算法等，由机器人行走机构、自动绑扎系统、控制系统、动力系统及 APP 移动端等部分组成，具有小型化、智能化特点。具备在施工现场水平钢筋网上前进、后退、横移等移动功能，适用于直径 8～20mm 水平钢筋网片的绑扎工作。该机器人能够自动识别钢筋绑扎点，自动绑扎；自动规划行走路径，自主行走并自主定位与避障导航；图像识别钢筋绑扎效果，绑扎异常检测预警；5G/Wi-Fi 双模冗余通信方式；远程遥控/自主控制两种操作方式。这是一种融合机电一体化技术、智能传感技术、物联网技术、自动控制技术等多种技术于一体的新型建造装备，如图 6-7 所示。

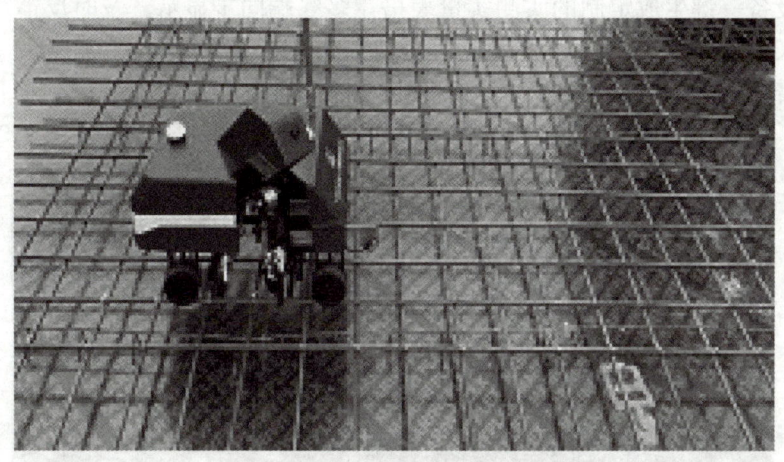

图 6-7　钢筋绑扎机器人

6.2.3　智能抹灰机器人

智能抹灰机器人，由收缩程序、展开程序、抹灰准备程序、抹灰运行程序、抹灰完成程序五大程序系统组成，运行期间具备收缩状态、展开状态、抹灰状态三种状态，三种状态可以相互切换，通过结构变形实现上下楼梯，进出门口，转场移动等自动功能，如图 6-8 所示。

图 6-8　智能抹灰机器人

6.2.4　实测实量机器人

实测实量机器人，能导入三维扫描模型，自动识别墙壁、地面、门窗和天花板；自动测量平整度、垂直度、阴阳角度、水平极差、进深、开间等客观标准数据；手动添加空鼓、开裂、掉漆等主观判断指标；并且可以三维立体成像，数据一键上墙，问题三维显示；同时该设备一键生成定制的实测实量表格，多终端同步显示，及时反馈。

该机器人测量半径为 10m，测量精度达到 1.5mm，效率是人工测量的 6 倍。操作非常简单，只需要选择房间类型，3 分钟便能生成三维模型，并同步上传到项目部后台，生成数据报告，有爆点的话会自动生成整改流程，完成质量闭环管理，如图 6-9 所示。

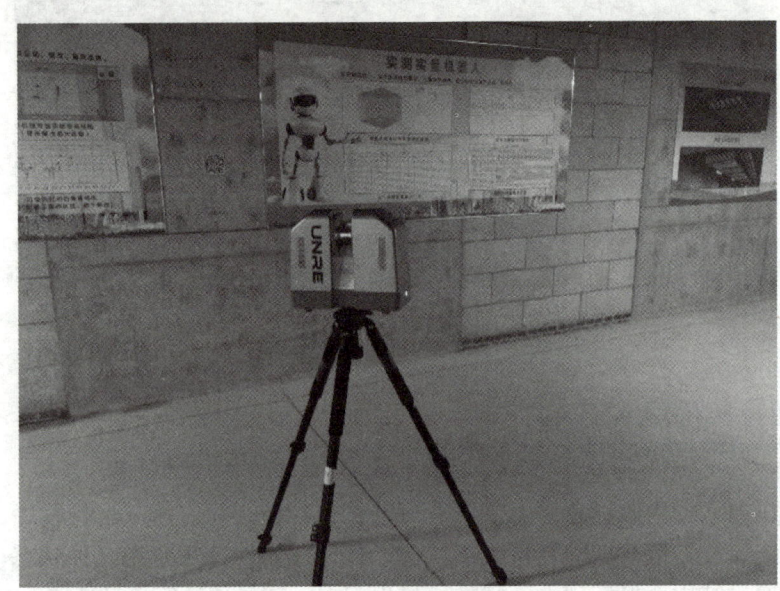

图 6-9　实测实量机器人

6.2.5　爬壁式钢筋扫描机器人

爬壁式钢筋扫描机器人（WRDR1.0）属于业内首款产品，如图 6-10 所示，主要包含以下三大技术成果：

① 轻量装备 plus 一体化设计。首次将爬壁机器人与钢筋扫描仪集成设计，兼顾爬行、钢筋检测、空间定位、图像回传、防坠落等功能，自动化程度高；并配备碳纤维超轻机身，低功耗、强适应。

② 自主算法 plus 一键式检测。远程操控机器人，一键式贴壁检测，操作便捷，检测效率高。

③ 多元呈现 plus 三维可视化。基于 BIM 模型，结合机器人运动轨迹和检测数据，3D 呈现检测结果，效果佳。

图 6-10　爬壁式钢筋扫描机器人

6.2.6　屋面便携式自动滚焊机器人

屋面便携式自动滚焊机器人，专门为焊接屋顶板材而设计，适用于低碳钢、不锈钢和钛钢、镍合金等各种板材密封焊接。设计采用工件不动、焊机移动焊接方式；采用中频逆变直流焊接系统，变压器体积小、移动方便。变压器、控制系统、焊接机构和冷却机构置于四轮小车上，人工推动小车自由移动，由电机驱动滚轮直线移动焊接，施工操作方便，焊接效率高，如图 6-11 所示。缺点是无法自动识别板材厚度，需要人工调试。设备比较重，操作时屋面板下面要预先做一层硬质的支撑层，否则屋面板本身会变形。

图 6-11　屋面便携式自动滚焊机器人

综合考核

"世界正在进入以信息产业为主导的经济发展时期。我们要把握数字化、网络化、智能化融合发展的契机，以信息化、智能化为杠杆培育新动能。""要推进互联网、大数据、人工智能同实体经济深度融合，做大做强数字经济。"（《习近平谈治国理政》第三卷）

通过查阅文献、与企业交流等形式，充分了解智能建造机械和设备的应用场景，了解智能建造机械和设备使用方法，选择一种建造机械或设备进行专题研究，形成 PPT 报告材料，并在课堂展示汇报。

分组：以小组为单位，建议 4～6 人为一组。

考核：以企业走访记录（线上或线下）、整理文献资料的深度和广度为评价标准，同时参考展示汇报的成效，教师综合完成考核。

Chapter 07

学习单元7
智能建造背景下的智慧工地管理

 学习背景

　　随着我国城市化进程和智能建造的不断推进，建设工程规模继续扩大，建筑业产值规模不断上升。为保证社会安定、百姓安全、经济稳步推进，在国家、各级地方政府主管部门和行业主体的高度关注和共同努力下，建筑施工安全生产事故逐年下降，但是建筑施工安全仍不可掉以轻心。围绕安全监管制度为核心，加上智能化理念、新技术、硬件、互联网、物联网、人工智能、云技术等不断发展，智慧工地应运而生。本节主要介绍智能建造背景下的智慧工地管理。

 任务导入

　　工地管理分为工地劳务门禁管理、施工现场实名制管理、建筑三级安全教育管理、工地现场监控管理、工地材料管理、企业远程管理及政府管理部门联网实名制管理等多个方面。智能建造背景下的工地管理，有着怎样的管理手段和怎样的管理模式呢？

7.1 建筑工程施工现场管理现状

【知识引入】在当今社会，市场经济快速发展，对市场的需求相对也越来越大。土建施工在市场经济中占有重要位置，与城市建设有着密不可分的关系。土建施工管理具有极强的专业性，在施工管理的过程中管理起着决定性作用，管理的专业性最终决定着工程质量。只有加大管理力度，改善施工现场的管理模式，才能使土建施工走向更好的明天。

【知识内容】工程项目管理指为保证项目在设计、采购、施工、安装调试等各个环节的顺利进行，围绕"安全、质量、工期、投资、决算"控制目标，在项目集成管理、范围管理、时间管理、成本管理、质量管理、人力资源管理、沟通管理、风险管理、采购管理、结算管理、决算管理等方面所做的各项工作。

当前，现场管理存在很多问题。

1. 施工现场管理人员能力相对不足

施工管理人员是现场施工组织与管理的执行者，对专业性的要求较高。施工管理质量的好坏与施工人员有着直接关系，它不仅是施工开展的动力，更是发展的有效途径。当前，由于建筑工程比较庞大，所以涉及的施工人员人数较多，这就导致不同工序、不同项目中的施工和管理人员总是存在一些文化程度较低的或者缺乏专业知识的人员，极大地增加了建筑工程施工现场管理的难度，也很难保证企业每一个建筑工程细节都能保证施工质量；而且人员缺失比较严重，导致管理过程中工作人员不能进行有效联系，工作存在不连贯性，对工作中出现的问题不能及时有效地解决；特别是智能建造背景下，技术人员的专业性明显不强，对新技术、新材料、新设备的运用短板明显，还不能做到与时俱进。

2. 施工现场管理相对混乱

某些施工单位为降低施工管理成本，不重视施工现场管理工作，导致现场相对比较混乱，极易引发质量问题和安全事故。比如，对材料的管理及劳动力的管理不当，使得工程过程中人员配合不紧密；对设备的应用不熟练，对设备的检查不及时，使设备达不到定期保养，工程时间及质量不能保证；在出现问题时不能及时整改，使工程工期延长；没有对技术人员进行相关技术培训和安全培训，导致技术人员缺乏安全意识。

3. 施工现场管理制度相对不严谨

管理制度不严谨，并未起到对工程施工过程的监督作用，没有定期定时对工程部进行监督管理，安全检查也并不到位，监督职能并不完善。尤其一些土建施工的企业对制度没有严格的控制，只是做到表面，并没有真正落到实处，未发挥制度的真正作用，影响着企业的发展。制度的不完善更能导致前期预算能力不够，资金不能有效运转，施工形式不先进，管理制度不能发挥调控作用。

7.2　智慧工地管理

7.2.1　智慧工地

　　智慧工地是以物联网、互联网、大数据、云计算等技术为依托，全面感知、收集、处理、分析工地现场的相关数据和信息，对建设工程项目的工地人员、材料物资、机械设备、场地环境和施工过程实施数字化、智能化管理的工地，以实现工地现场生产作业协调、协同，管理决策高效、科学等目标。智慧工地建设应在项目初期进行合理规划，并纳入项目计划进行管理。

　　智慧工地管理，是指工程建设工地的管理主体对智慧工地施以相适应的管理。当前，智慧工地管理更多地将人工智能、传感技术、虚拟现实、BIM 等技术植入到工地的建筑材料、施工机械（或设备）、作业人员穿戴设施、施工现场进出关口等各类物体中，并且通过 5G 技术互联，形成"物联网"，再与"互联网"整合在一起，实现工程管理中的人员、机具、材料、方法、环境与工程施工现场的整合。如图 7-1 和图 7-2 所示。

图 7-1　工地鹰眼全景

图 7-2   工地生活办公区鹰眼全景

从人工智能技术发展到今天来看，我们可以将"智慧工地"的发展定义为三个阶段，即感知阶段、替代阶段、智慧阶段。

感知阶段，就是借助人工智能技术，起到扩大人的视野、扩展感知能力以及增强人的某部分技能的作用。如借助物联网传感器来感知设备的运行状况、感知施工人员的安全行为等，借助智能机具来增强施工人员的技能等。我们现在的"智慧工地"主要就处于这个阶段。

替代阶段，就是借助人工智能技术来部分代替人，帮助完成以前无法完成或是风险很大的工作。如现在正处于研究和探索的智能砌筑机器人、智能焊接机器人等，未来某些施工场景会实现全智能化的生产和操作。当然，这种替代是基于设定的应用场景，并预设出实现的条件和路径来实现的智能化，智能替代边界条件是严格框定在一定范围内的。

智慧阶段，就是随着人工智能技术的进一步发展，借助其"类人"的思考能力，大部分替代人在建筑生产过程和管理过程的参与，由一部"建造大脑"指挥和管理智能机具、设备等来完成整个建造过程。这部大脑具有强大的"知识库"管理和强大的自学习能力，也就是"自我进化"能力。人转变为监管"建造大脑"的角色。

"智慧工地"三个阶段，是随着人工智能技术的研发和应用不断发展而循序渐进的过程，不可能一步实现。这需要在感知阶段就做好顶层设计工作，在总体设计思路的指导下有序开展技术应用和研发，特别要注重 BIM、互联网、物联网、云计算、大数据、移动计算和智能设备等软硬件信息技术的集成应用。物联网、智能设备等技术可以理解为人的手、眼、耳、鼻等，用于感知外界的形态、颜色、温度等信息；互联网、移动计算、信息模型等技术可以理解为人的血管、神经网络，用于传输和加工信息；大数据、人工智能等技术可以理解为人的大脑，对采集到的数据和信息进行集中加工分析，并通过物联网传感器指挥智能设备做出反应和动作。只有这样，才能在应用中不断推动施工工地的自动化建造、智能化建造以及新型管理模式下的智慧协同，实现建造方式的彻底转变。

7.2.2　智慧工地规划与建设

1. 总体目标与要求

智慧工地规划与建设是工程建设的重要组成部分和关键环节，为项目实施期间的智慧化管理提供重要的基础数据和管理平台。应用 BIM、云计算、大数据、物联网、移动互联网、人工智能等技术，管理过程由传统的本地化管理、单一性管理、事后控制转向云端管理、集中管理、事前管控。实现项目精益化建造，智能化和数字化管理，提质增效，提升项目管理的效益，降低管理风险。智慧工地的建设内容应能满足监管部门、企业、项目部及其他各方单位对于信息化管理的需求，符合行业关于智慧工地建设、信息监管、监测监控等相关规范要求。

2. 建设与规划思路

智慧工地建设应从整体到局部开展。依据企业对工地管理的具体业务需求，参考现阶段行业指导性规范文件，对智慧工地的整体框架及信息共享方式等进行搭建。其次结合工程项目特点及个性化需求，围绕人员、机具、材料、方法、环境等管理要素，结合企业项目的管理重难点，依次搭建具体模块，以满足各项具体工作、各方沟通协作。

智慧工地建设工程项目在实施前，需要编制专项建设方案，配建相适应的智慧工地基础设施。智慧工地专项建设方案应包括的内容：项目概况、智慧工地建设总体目标、智慧工地建设的主要内容及相应的功能说明、智慧工地建设的场地条件与准备措施、实施计划与质量控制措施、应急管理措施、系统验收标准、智慧工地运维组织架构与任务分工、相关图纸、设备选项清单等。

3. 制度建立与完善

在信息化管理的新模式之下，与之匹配对应的是新的工作岗位。结合传统项目组织机构，制定新模式下的工作机制，明确传统岗位、新岗位的各项工作职责。在新的组织架构下，制定模块化管理及各方管理的流程、健全相应管理制度。如某公司项目部在工作职责里，就做了如下的制度规定：①根据项目业态、规模和定位，确定智慧工地建设标准。②根据各职能部门指导，完成智慧工地建设方案。③根据通过审核的智慧工地建设方案实施智慧工地建设。④明确专人负责本项目智慧工地上线、过程维护。⑤智慧工地设备、设施维护，完工后及时移交各归口部门，各归口部门对移交设备的功能进行测试验收并签署移交单，保证设备正常周转。⑥总结智慧工地建设成果，协助推进智慧工地管理升级。

4. 智慧化管理人员基本配置

为了更好地做好智慧工地管理，建议配置人员名单见表 7-1，参考范例见表 7-2。

智慧化管理人员配置　　　　　　　　　　　　　　　　　　　　表 7-1

序号	专业（职务）	工作职能
1	信息管理中心主任	负责本项目智慧工地总体管理与协调，组织智慧工地检查与验收
2	监控中心管理人员	负责汇集智慧工地监控数据，进行集中监管并纳入应急响应措施；负责监控设备维护与管理、数据存储与衔接、对接工作

序号	专业(职务)	工作职能
3	系统维护人员	负责项目系统服务器建设、日常维护工作,监控系统、智慧工地办公系统、通信系统等的维护
4	信息化工程师	协助完成智慧工地信息化建设,监控系统、智慧工地办公、通信系统的建立与维护,负责数据库及系统的维护
5	GIS专业工程师	负责本项目GIS数据及模型的创建、信息录入与维护、倾斜摄影等技术的实施,模型融合、数据交互等,维护平台建设及数据更新
6	BIM工程师	负责本项目BIM模型创建与维护,数据交互、信息录入、数据更新、平台管理等工作

智慧化管理人员工作职责范例   表 7-2

序号	责任部门/人员	责任分工
1	总工程师	统筹全公司项目智慧工地建设,规范智慧工地建设,落实项目智慧工地现场应用
2	生产副总	协管智慧工地建设,落实项目智慧工地现场应用
3	总经济师	主导智慧工地采购、物资管理等商务工作
4	公司信息管理中心	①贯彻各级政府智慧建造精神;落实局智慧工地建设管理办法、制度等; ②全公司智慧工地建设统筹协调,全公司项目智慧工地建设方案审核; ③协调智慧工地智能设备与各级平台的数据接口工作,做好信息采集; ④对新技术、新设备进行审核、评估;协调新技术、新设备的应用;做好创新应用的技术总结
5	公司科技部	指导技术智慧化的建设方案,监督技术管理监控设备和软件的现场应用,包括正确安装、使用、维护以及数据接入平台,如:高大支模监测系统、深基坑监测系统等
6	公司工程部	指导施工生产智慧化把控的建设方案,监督可视化施工进度监控设备和软件的现场应用,包括正确安装、使用、维护以及数据接入平台,如劳务实名制系统、扬尘噪声监测系统、用水用电监测系统等
7	公司质量部	指导质量智慧化的建设方案,监督智能质量管理监控设备和软件的现场应用,包括正确安装、使用、维护以及数据接入平台,如标养室监测系统、全天候大体积混凝土自动测温系统等
8	公司安全生产监督管理部	指导施工生产智慧化把控的建设方案,监督可视化施工进度监控设备和软件的现场应用,包括正确安装、使用、维护以及数据接入平台,如视频监控系统、施工电梯运行监管系统、塔式起重机运行监管系统、配电箱安全管理系统等
9	公司采购中心	负责按采购管理办法规范智慧工地软硬件系统的采购流程
10	公司物资管理部	负责按物资管理办法规范智慧工地设备进场、验收、调拨等流程
11	分公司总工程师	主管片区智慧工地建设和落地应用
12	分公司科技部(信息化专职)	①指导、检查分管区域智慧工地管理工作; ②监督智能监控设备和软件的现场应用,包括正确安装、使用、维护以及数据接入平台; ③协助策划本片区内项目智慧工地建设方案; ④组织分管区域内智慧工地观摩活动; ⑤协调解决本片区内项目智慧工地建设过程中遇到的问题

续表

序号	责任部门/人员	责任分工
13	项目部	①负责本项目智慧工地建设工作；指定本项目智慧工地建设管理人员，对接智慧工地建设工作； ②根据项目所在地方政府规章制度和公司管理要求，结合项目实际，兼顾经济效益与社会效益，提出智慧工地建设需求，策划和制定智慧工地建设实施方案； ③按照核准的智慧工地建设方案，进行智慧工地建设实施，确保系统正常，故障设备及时维护； ④积极应用好智慧工地各功能子系统； ⑤妥善保管、维护智慧工地设备、设施，项目完工后及时向公司物资管理部移交回收的设备，保证设备循环利用

7.2.3　智慧工地评价

为规范智慧工地评价，提高施工现场智慧技术应用水平，推进智慧工地建设，很多省份相继出台了智慧工地评价标准，智慧工地评价应覆盖完整建筑工地施工活动的全过程。本节以浙江省智慧工地评价标准为例。

智慧工地评价应在基本指标（60 分）、一般指标（50 分）和优选指标（20 分）三类评价指标得分汇总为评价要素实得分值的基础上，加权汇总得出总得分。智慧工地评价应得总分由工地人员、材料物资、机械设备、场地环境、相关智慧化管理、智慧技术及系统六个评价要素加权汇总确定，为 130 分。

其中，基本指标体现了国家、行业、地方对于工地智慧化管理的强制性要求（必须全部满足），是智慧工地的基本条件。符合基本指标的建筑工地（60 分）可认为属于智慧工地。一般指标体现了智慧工地应用的常规要求，较为全面，符合当前实际。优选指标体现了当前智慧工地应用较少但智能化程度高、应用效益明显的内容。在基本指标的基础上，结合一般指标和优选指标的评分，可以对智慧工地的应用水平进行评价，供示范推广时参考，体现了评价和导向的目的，也考虑了智慧工地应用水平因地域建筑业发展而有不同的实际情况，需要在行业推动下不断提高。

智慧工地评价要素的选取

以评价要素——工地人员为例讲解评价方法

以评价要素——材料物资为例，如表 7-3 所示。

材料物资的得分　　　　　　　　　　　　　　　　表 7-3

三类评价指标	内容	本项分值
基本指标	材料物资信息项应包括：名称、规格型号、生产厂家、质量等级、质量标准、使用部位	符合要求 60 分，不符合要求 0 分
	钢筋、商品混凝土、防水材料进场验收应有数字化记录，并具备与政府监管系统数据共享的条件	
一般指标	材料物资的信息包括《智慧工地评价标准》DB 33/T 1258—2021 所列的基本信息、出厂信息、运输信息、进场验收信息、出库信息、盘点信息、使用信息、结算信息	0~5 分
	智慧材料物资覆盖现场材料的程度	0~5 分

三类评价指标	内容	本项分值
一般指标	材料物资管理信息项数据的智能判断包括以下内容： ①根据设定规则筛选材料物资； ②判断供应商履约是否正常； ③判断废料处理是否及时； ④进行库存剩余提醒并预警； ⑤识别收发料异常并提醒； ⑥进行物资小票防伪识别并预警； ⑦运输车辆皮重记录并异常预警	0~5分
	材料物资管理数据的统计分析包括以下内容： ①分析基本信息和出厂信息； ②分析运输信息、进场验收信息、出库信息、盘点信息、使用信息、结算信息	0~5分
	材料物资智慧化管理数据完整性及覆盖的评价时段	0~30分
优选指标	材料物资管理的收料、发料、库存采用智慧化工具辅助	0~4分
	装配式构件、机电与装饰部品部件的生产、运输、施工环节的过程信息通过数字化方式管理	0~4分
	工程材料的质量验收采用智慧化方式	0~4分
	进场材料物资的计重采用智慧化方式	0~4分
	工具化临设信息可跨工地共享	0~4分

7.3　智慧工地管理系统

　　支撑建设工程实现智慧工地所采用的集成化软硬件系统是智慧工地管理系统，它涉及的领域范围较广，且系统的设计同整体建筑的智能化系统、强弱电设计、建筑设施等密切相关。通过智慧工地管理系统能够为项目现场工程管理提供先进技术手段，构建工地智能监控和控制体系，能有效弥补传统方法和技术在监管中的缺陷，实现对人员、机具、材料、方法、环境的全方位实时监控，变被动"监督"为主动"监控"。

　　智慧工地管理系统分为前端数据采集子系统、网络传输系统和后端集中管理平台三大部分。前端数据采集子通过 GPRS、5G、蓝牙、有线网络等多种传输模式上传至数据中心，实时准确地将施工机械运行状况、工地现场环境、进出工地人员信息和施工管理人员工作情况采集并上传后台管理系统；网络传输系统结合施工工地实际情况，采用无线技术将前后端数据准确无误、无延时地传输；后端集中管理平台能够汇聚各子系统数据，过滤出有效信息，以直观可视化的方式提供给项目管理者，帮助其管理和辅助决策。如图 7-3 所示。

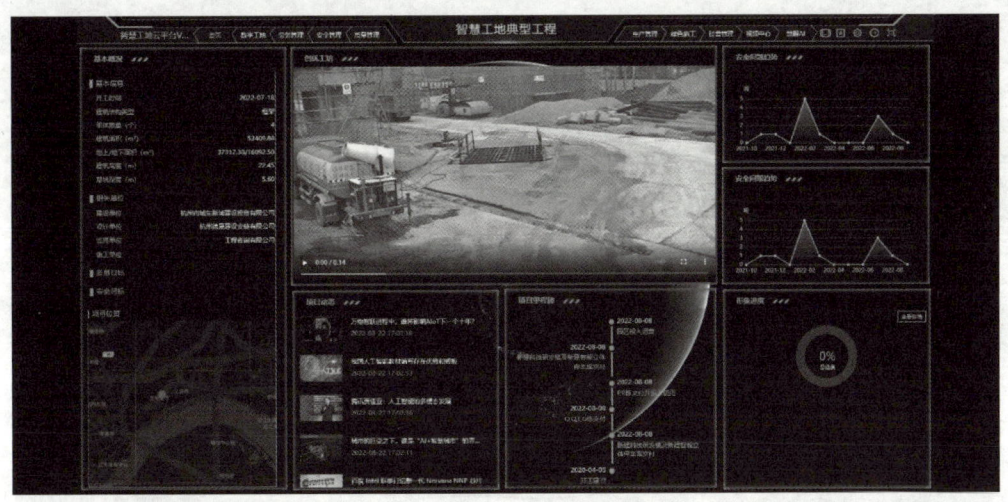

图 7-3　智慧工地管理系统

　　目前工地上的智慧工地管理系统能够完成的智慧化管理模块有：

7.3.1　人员管理

　　人员管理主要考虑现场实际管理业务，同时结合相应法律法规、标准规范，通过人脸识别、虹膜、指纹、指静脉等身份识别技术，射频技术和智能安全帽、智能安全带、智能安全鞋等新型智能个人安全防护用品，从用人计划、实名制管理、考勤管理、薪资管理、培训教育到诚信管理体系，实现对现场劳务人员的全面有效管理，如图 7-4 和图 7-5 所示。

人员实名
制管理

图 7-4　人员管理闸机通道

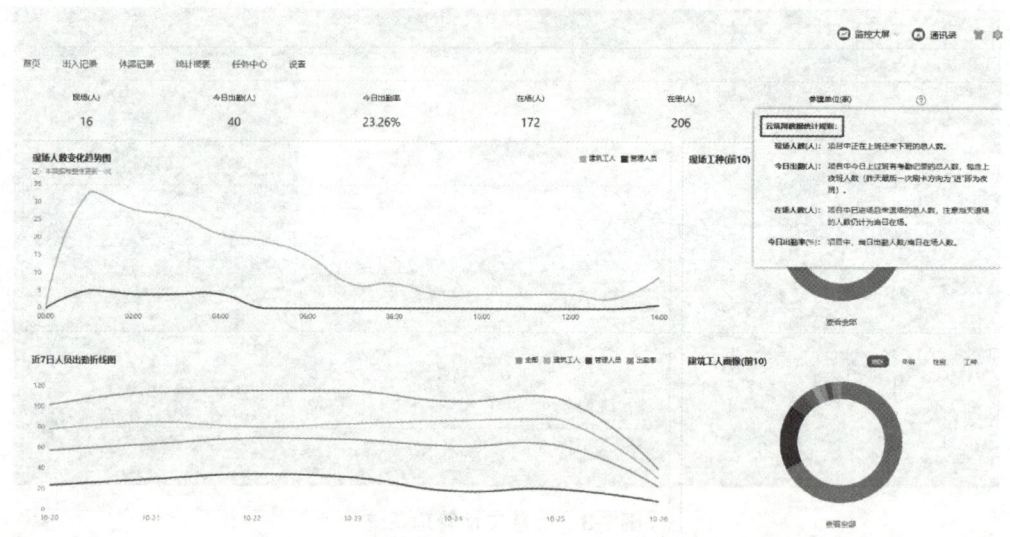

图 7-5　人员管理后台数据

7.3.2　安全管理

采用虚拟现实（VR）、增强现实（AR）、混合现实（MR），二维码、多媒体、网络在线等多种技术手段，实现对从业人员的安全教育与现场监控。项目经理部必须建立职业健康安全生产责任制，将职业健康安全责任目标分解到岗位。项目经理、作业队长、班组长、操作工人、承包人、分包人等分别承担自己的职业健康安全责任，做到人人头上有指标。

安全方案管理是满足施工现场的安全方案管理的要求，提供包含但不限于安全方案的在线提交、审查、在线编辑、公示、台账的功能，同时实现安全方案的交底功能。机械设备安全管理应支持对中大型机械设备，包括但不限于塔式起重机、履带式起重机、轮胎式起重机、施工升降机、物料提升设备等危险作业环境的相关危险源数据进行实时监测、传输与提示。危险空间安全管理应支持对容易产生较大安全事故的危险空间，包括但不限于深基坑、模架、临边、有限空间等危险作业环境的相关危险源数据进行实时监测、传输与提示。如图 7-6～图 7-13 所示。

施工升降机的智能化监控

塔机安全监控系统

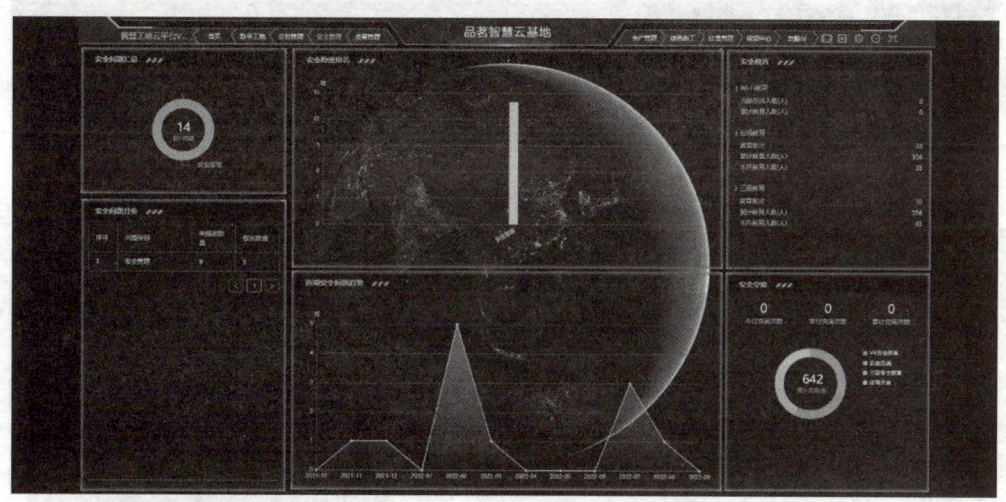

图 7-6　安全管理系统

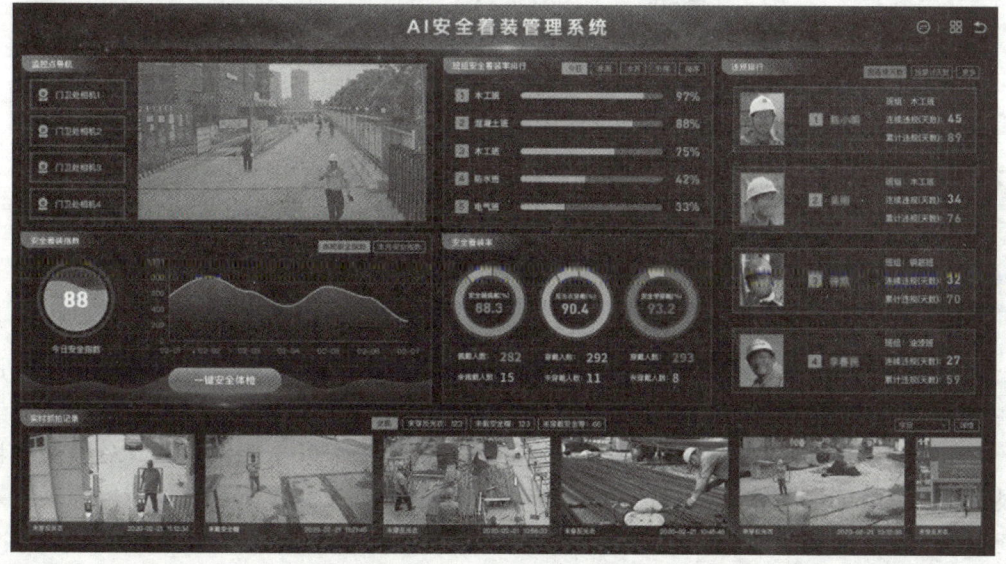

图 7-7　AI 安全着装管理系统

图 7-8　未戴安全帽的识别

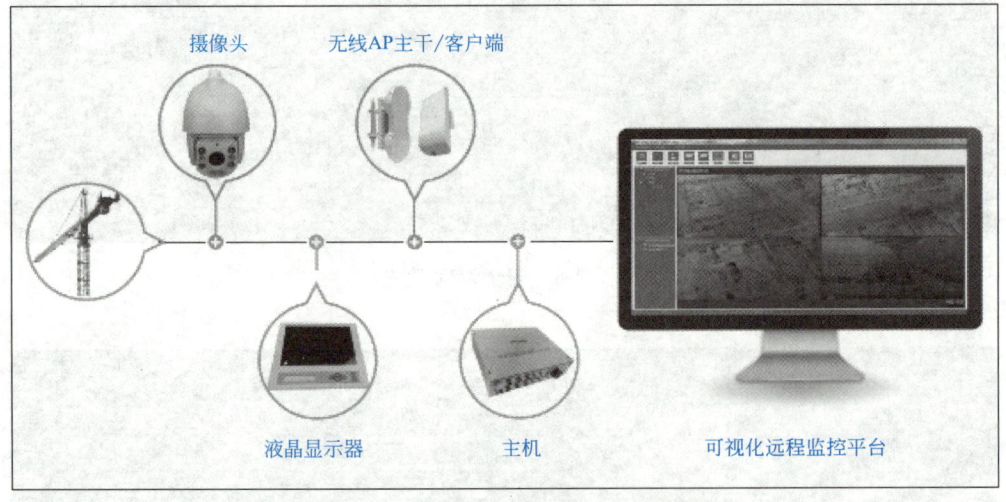

图 7-9　塔机吊钩安全监控子系统安装

7.3.3　环境管理

　　工地现场应设置包括扬尘监测、大气环境监测、噪声监测、温/湿度监测、风向/风力监测功能的小气候气象监测站，监测站应具备连续实时的自动监测、本地显示、在线传输、离线传输等功能。应提供数据统计、分析、查询功能，可实现小气候气象监测超标判断报警、设备故障报警，支持现场声光报警与远程报警两种方式，并支持使用移动终端实时查看小气候气象测量数据。应支持对工地现场污水排放和垃圾出场的监控记录。

　　环境设备管理宜支持对喷淋装置、雾炮装置、洒水装置、雨水装置、污水装置等环境

图中各部件标注：

1 防冲顶接收模块（吊笼顶部）

2 防冲顶发射模块（标准节顶部）

3 楼层呼叫主机（吊笼舱内）

4 楼层呼叫模块（楼层内侧）

5 载重传感器（吊笼与驱动电机结合的部位）

6 上下限位 内外门检测

7 人数识别模块（吊笼内侧顶部）

8 楼层检测（与标准节齿条啮合）

驾驶舱

楼层17
楼层16
楼层15

主机（驾驶舱）　人脸识别模块（驾驶舱）　运行状态检测（驾驶舱）　显示器（驾驶舱）

图 7-10　升降机安全监控子系统安装

设备的中央或终端控制，或实现设备独立的自动控制。管理系统应支持制定绿色建造与环境管理目标，实施环境影响评价，配置相关资源，落实绿色建造与环境管理措施。而环境管理目标应考虑法律要求、重大环境因素、相关方意见、可选技术方案、财务和经营要求，以保证目标是可操作性、可实现的。如图 7-14 和图 7-15 所示。

环境监控

7.3.4　能耗管理

能耗管理系统应支持对施工区、办公区、生活区域和主要机械设备（如工程机械、柴油发电机、运输车辆等）用水、油耗及用电数据统计、分析和比对并实施监控。其中智能用电管理系统应能自动监测现场各级电箱电流、电压、功率、功率因数、电量等用电实时

图 7-11　升降机安全监控子系统安装效果图

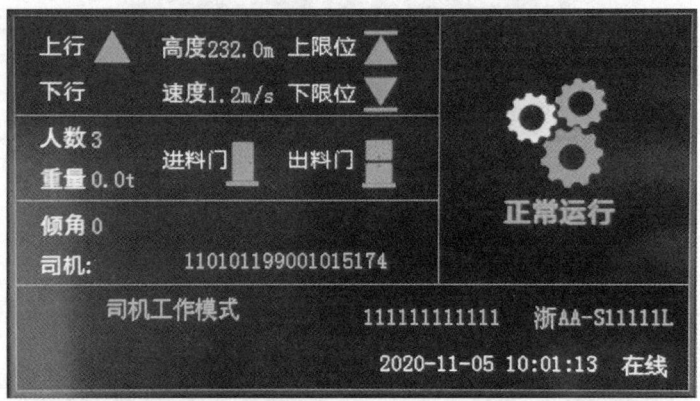

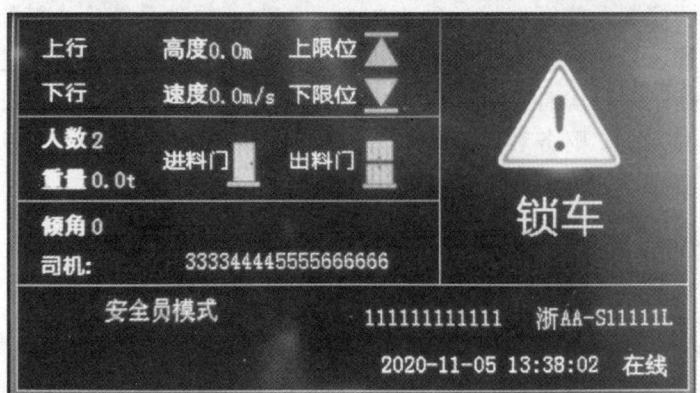

图 7-12　升降机监测系统显示界面

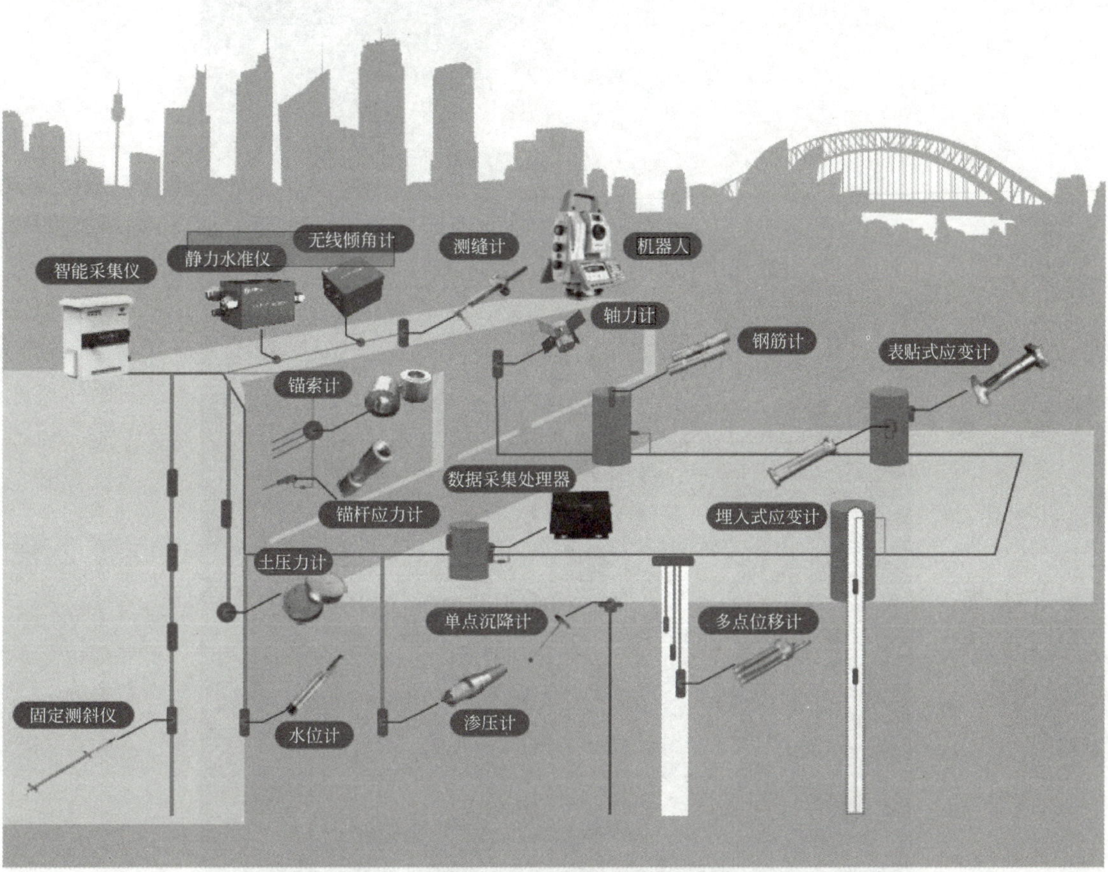

图 7-13　基坑监测管理

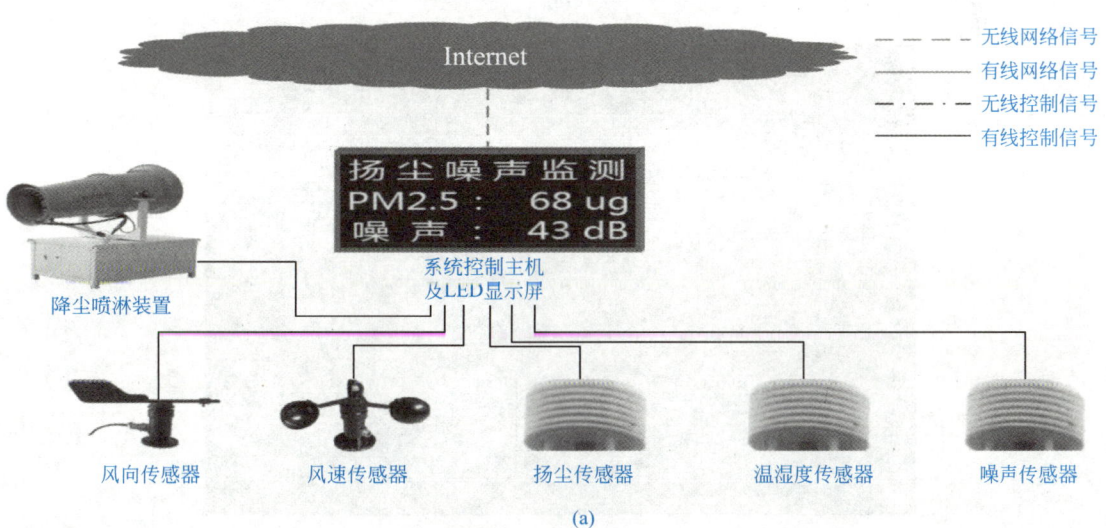

风向传感器　　风速传感器　　扬尘传感器　　温湿度传感器　　噪声传感器

(a)

图 7-14　扬尘噪声监测（一）

（a）扬尘噪声监测

(b)

(c)

图 7-14　扬尘噪声监测（二）

（b）扬尘监测子系统安装；（c）围挡喷淋

(d)

图 7-14　扬尘噪声监测（三）

（d）塔式起重机喷淋

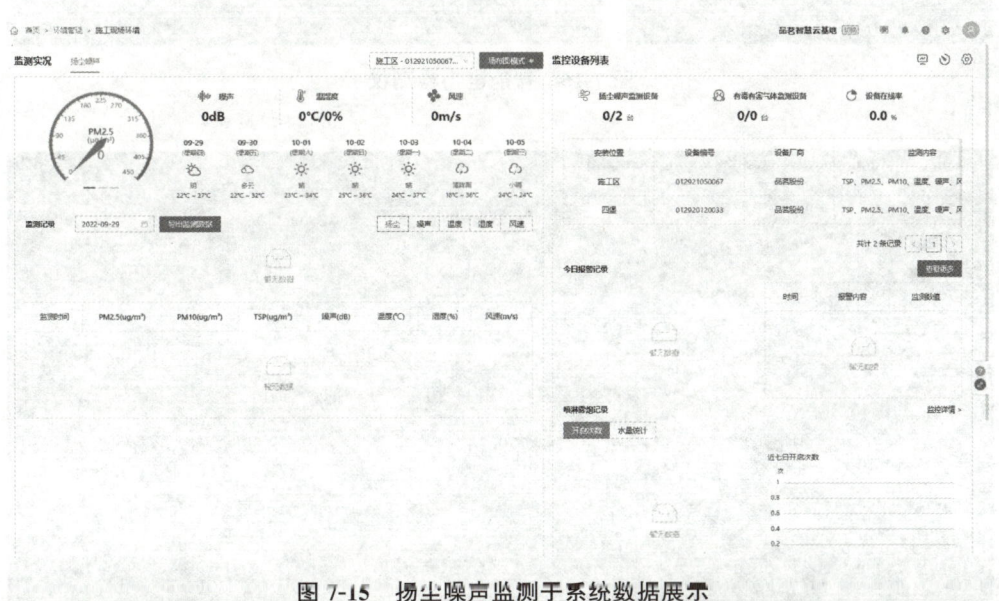

图 7-15　扬尘噪声监测于系统数据展示

数据、对电箱的漏电数据、接线处温度、箱体烟雾浓度进行实时检测、能检测电箱开关位的状态、能实时检测现场用电线路的状态。如图 7-16~图 7-18 所示。

7.3.5　进度管理

进度管理是项目管理中非常重要的管理环节，所以在进度管理中涉及 WBS 分解，以实现精细进度管控，也需要具备形象进度管理，结合 BIM 技术实现进度与模型的有机结合。项目进度计划的编制、审核、审批、修改、分析，其内部相关成员应需分配任务和承

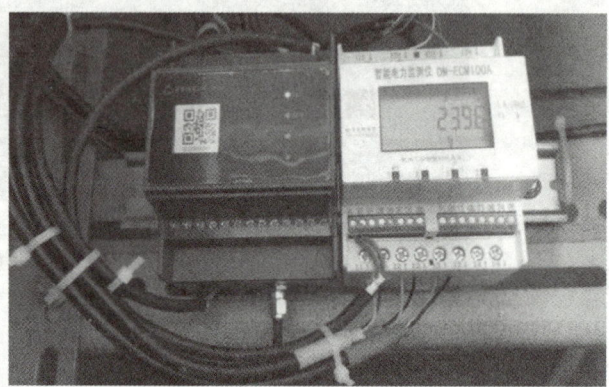

图 7-16　智能电力检测仪

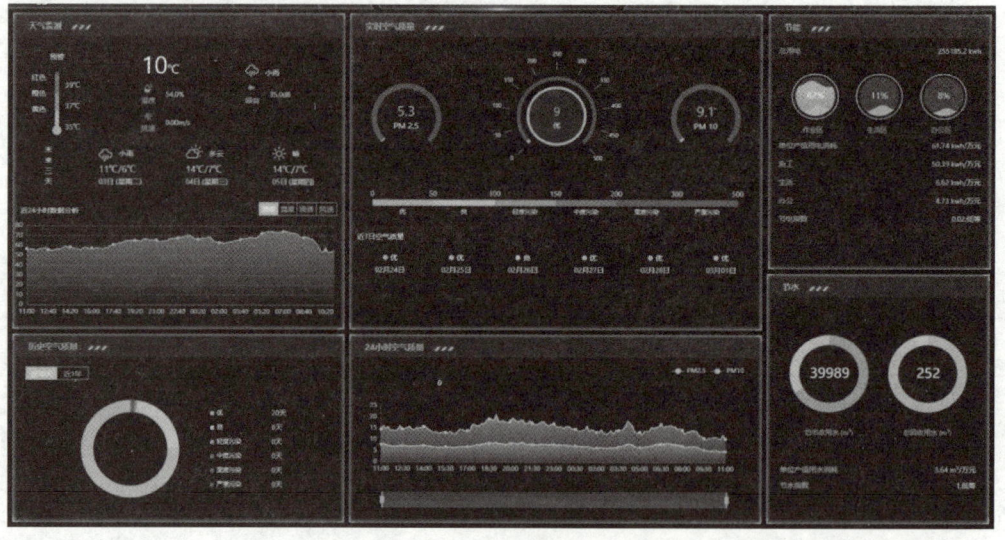

图 7-17　能耗监测子系统

担相应进度管理责任。

工作进度计划编制依据应包括合同文件和相关要求、项目管理规划文件、资源条件、内部与外部约束条件等，各类工作进度计划应包括编制说明、工作进度安排、资源需求计划、工作进度保证措施，如图 7-19 和图 7-20 所示。

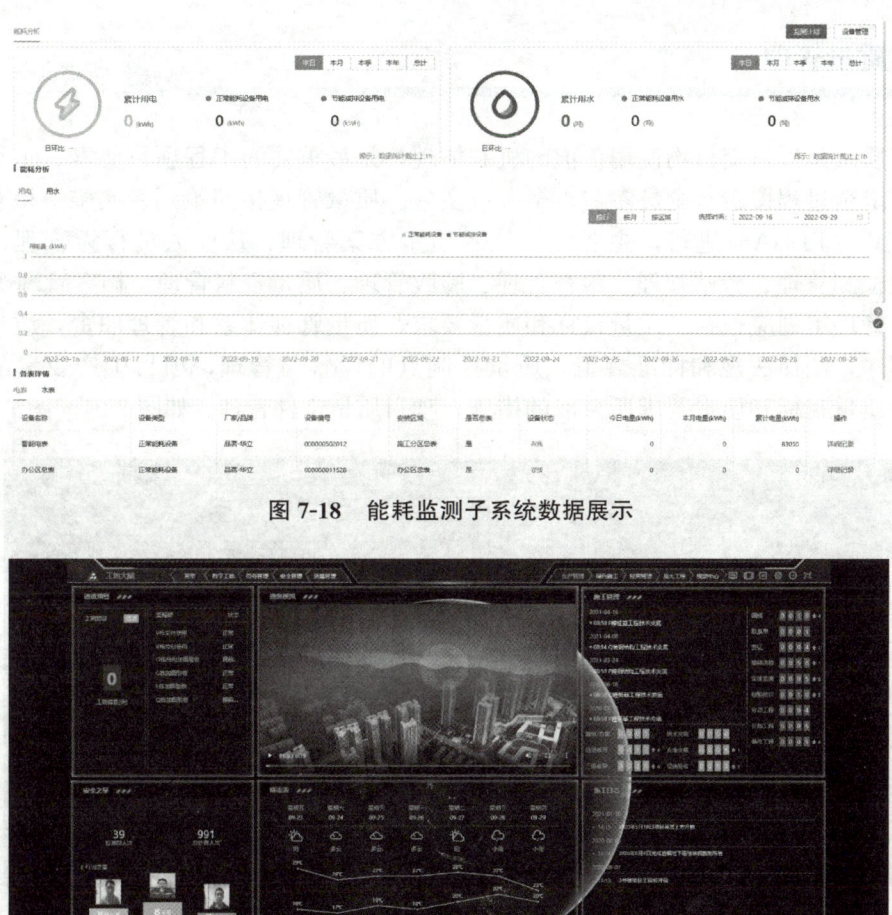

图 7-18 能耗监测子系统数据展示

图 7-19 进度管理子系统

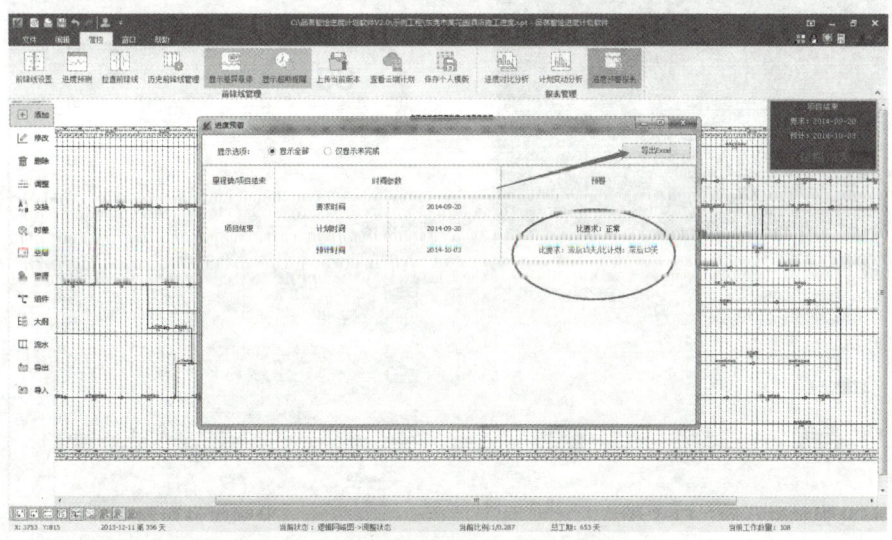

图 7-20 进度管理子系统数据展示

7.3.6 质量管理

工程质量是项目交付物使用价值的机制体现，是最重要的工程项目要素。工程项目质量管理要求全过程覆盖、全员参与、全方位实施。质量管理按照策划、实施、检查、处置的循环方式（PDCA）进行，主要包括技术质量方案管理、从业人员行为管理、变更管理、检验检测管理、旁站管理、检查管理、验收管理、质量资料管理、档案管理等。

质量管理策划应包括：质量目标和质量要求，质量管理体系和管理职责，质量管理与协调的程序，法律法规和标准规范，质量控制点的设置与管理，项目生产要素的质量控制，实施质量目标和质量要求所采取的措施，项目质量文件管理。如图 7-21~图 7-25 所示。

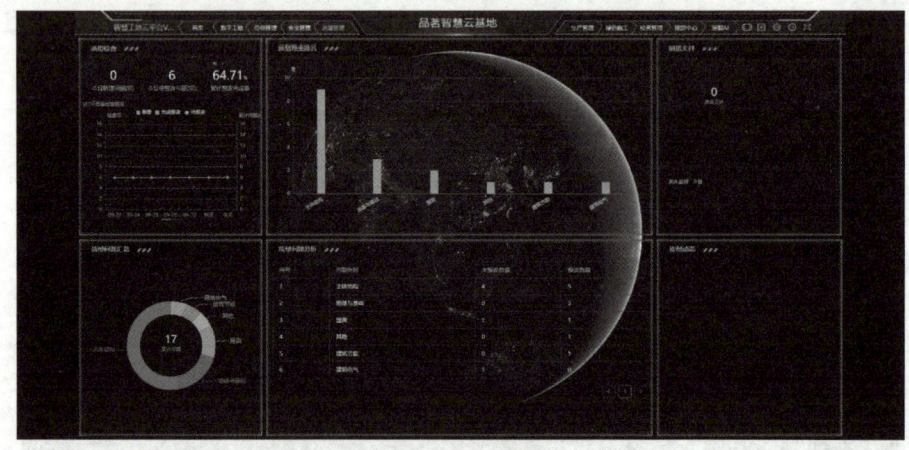

图 7-21 质量管理子系统

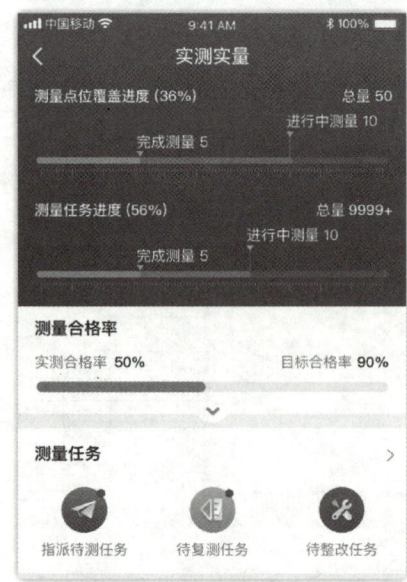

图 7-22 实测实量 APP 页面

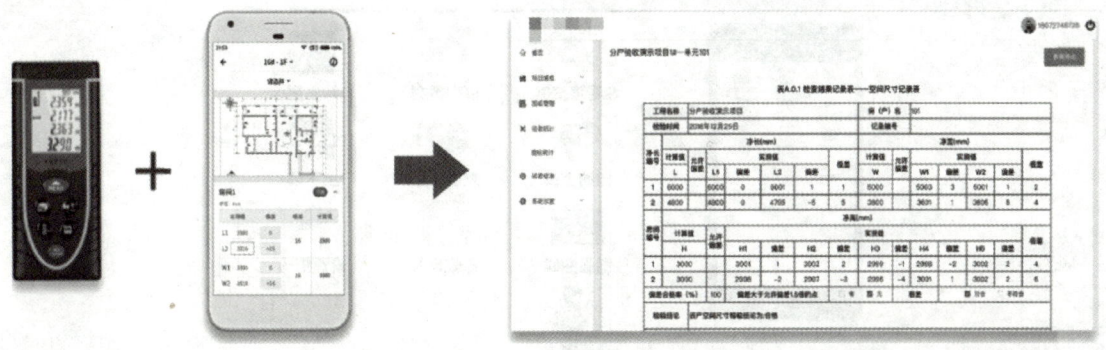

图 7-23　激光测距仪

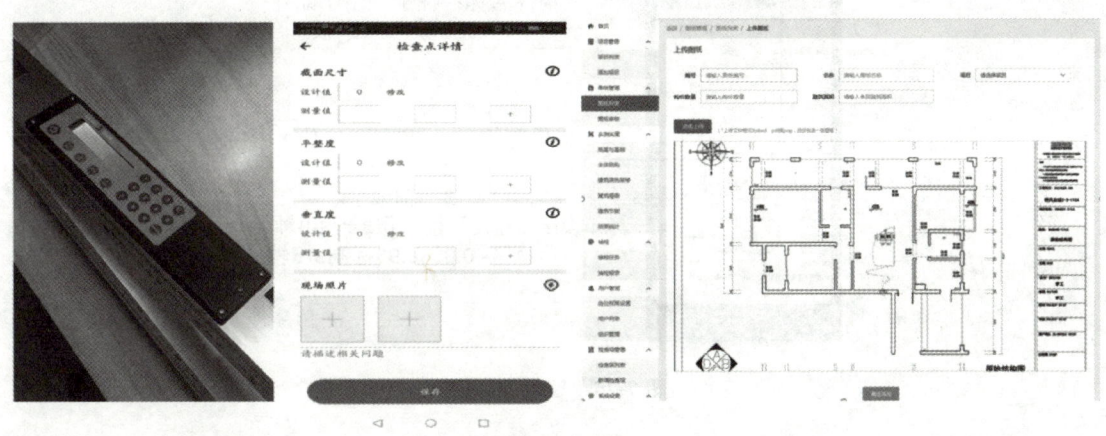

图 7-24　智能靠尺

7.3.7　成本管理

一般情况下，项目成本管理侧重于现场施工成本的管理，是为使项目成本控制在计划目标之内所作的预测、计划、控制、调整、核算、分析和考核等管理工作。在工程项目总承包的情况下，仍以现场施工成本作为工程项目成本管理对象，其中工程勘察、设计以及总承包管理费用等可以另行核算。工程项目成本包括工程实体建造中的人工、材料、施工机械使用等的费用以及为了完成工程实体建造所需的各种技术措施、组织管理措施的费用。

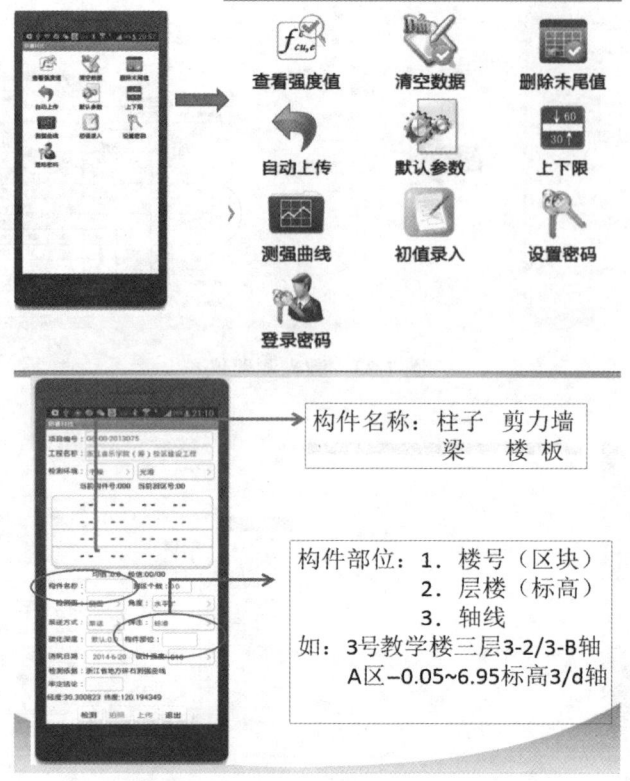

图 7-25　智能回弹仪

项目施工成本计划应围绕施工组织设计或相关文件进行编制，以确保对施工项目成本控制的适宜性和有效性。具体可按成本组成、项目结构、工程实施阶段进行编制，也可以将几种方法结合使用。施工成本计划内容，需包括测算项目成本、确定项目施工总体成本目标、编制施工项目总体成本计划、确定项目具体成本目标、制定相应的控制方法、编制施工项目管理目标责任书和企业职能部门管理目标以及明确成本管理责任与权限，如图 7-26 所示。

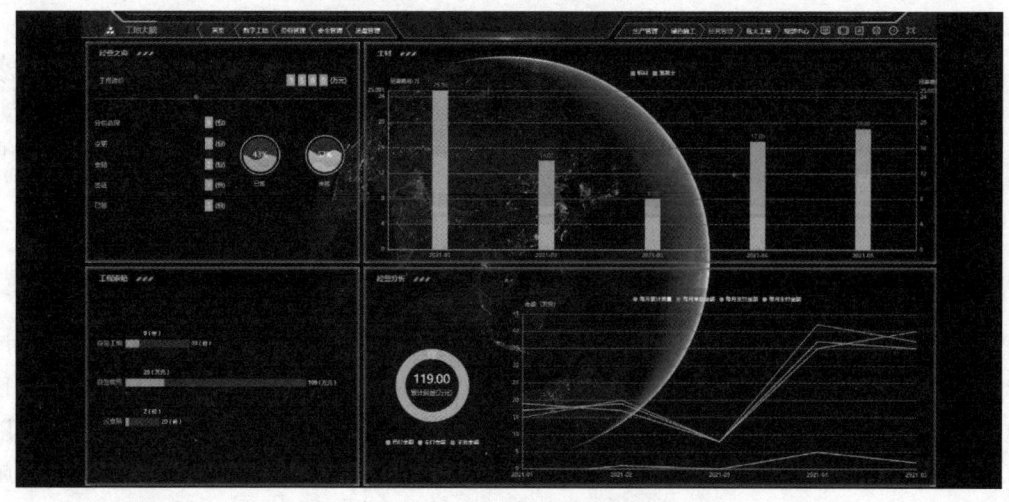

图 7-26　成本管理子系统

7.3.8　资源管理

项目资源管理应根据项目管理目标进行项目资源的计划、配置、控制，并根据授权进行考核和处置，包括人力资源管理、材料物资管理、机械设备管理、人际关系管理、施工技术和工法、专利、知识、信息等软资源管理。人力资源管理主要包括项目人力资源规划、项目团队配置、项目团队激励、项目团队的培训与发展、人事手续等。材料物资管理包括对各种原材料的出入库、定置、防损、核数等工作。机械设备管理包括对施工机械和设备的品种、型号、规格、数量、使用记录、维护状态等的管理。知识管理也是姓名资源管理中的重要一环，主要包括塑造学习、创新、分享的团队文化，建立知识管理激励机制、建立项目相关知识库、构建知识管理技术平台等。如图 7-27～图 7-30 所示。

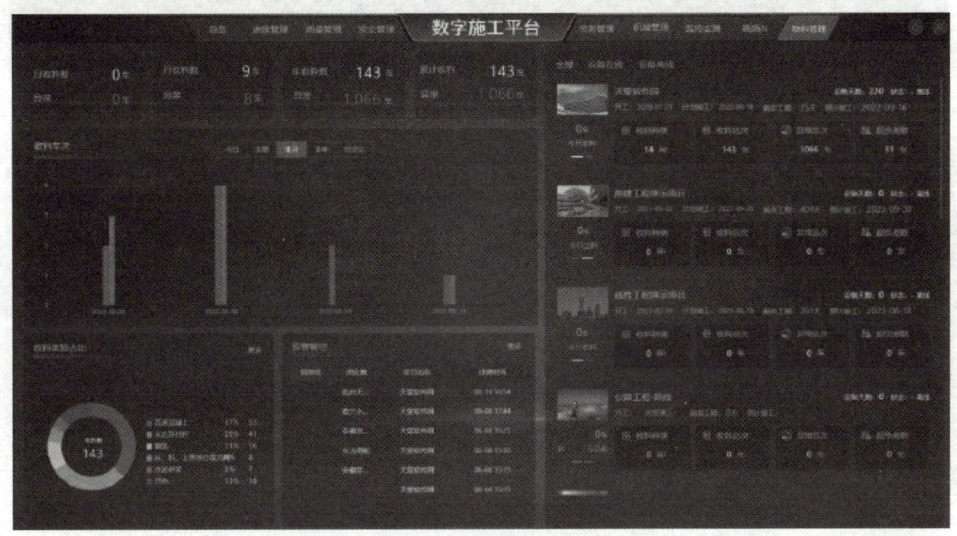

图 7-27　物料管理后台

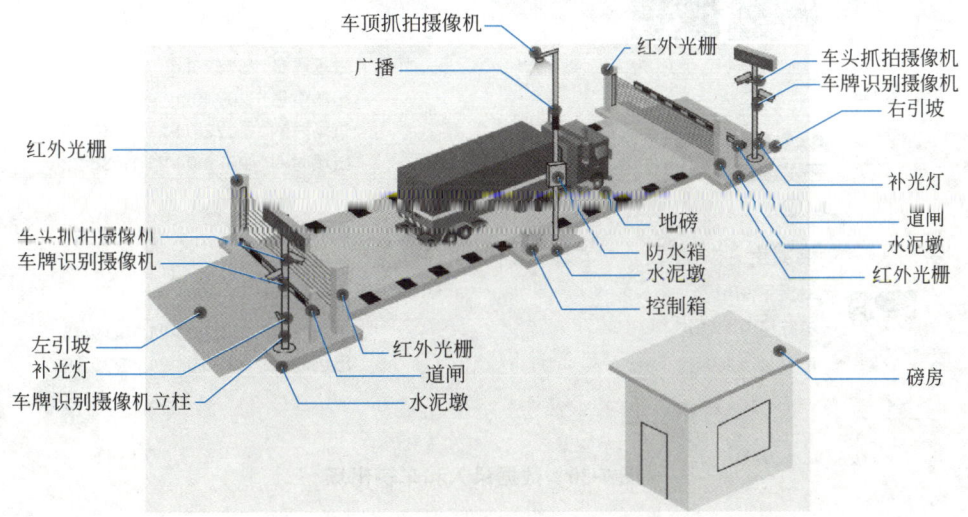

图 7-28　智能物料管理系统安装

167

图 7-29　配套物联网设备和数字地磅

← 信息记录

进出场信息

浙H▓▓▓▓

进场重量:45330.000kg

出场重量:23910.000kg

进场时间:2022-04-18 16:25:41

出场时间:2022-04-18 18:51:09

进场照片

出场照片

材料信息

工程名称 ▓▓▓▓▓▓▓▓▓▓▓▓▓▓▓▓
开发项目（一期）EPC工程总
承包

混凝土

 发货量:9m³
实际量:9.173m³
偏差量:0.173m³

← 车辆记录

已进场　待确认　已出场　已录入

🔍 请输入车牌号　　搜索　📅

已进场记录9条

 浙H▓▓▓▓▓
进场重量: 46040kg
出场重量: 16940kg
进场时间: 2022-04-21 15:11:26
出场时间: 2022-04-21 15:50:04

皖L▓▓▓▓▓
进场重量: 67570kg
出场重量: 20240kg
进场时间: 2022-04-21 14:53:10
出场时间: 2022-04-21 15:36:22

 浙H1▓▓▓▓
进场重量: 30850kg
出场重量: 17470kg
进场时间: 2022-04-21 10:19:45
出场时间: 2022-04-21 15:20:58

图 7-30　数据录入和车辆出场

7.3.9　信息管理

工程项目的信息很多，主要包括项目设计文件，各种合同、会议记录、计划、各种报告，设备、材料、劳务人员等信息，各种指令、通知、决议，项目团队、利益相关方的工作情况等，市场情况、环境变化、疫情防控等。

对于周期短、规模小的项目，项目信息管理没有必要在项目运作的业务流程中单独构成一个独立的管理环节。但是对于周期较长、规模较大的项目，信息管理对于项目的成功将起到重要的作用。信息管理应包括项目所有的管理数据，为用户提供项目各方面信息，实现信息共享、协同工作、过程控制、实时管理。主要内容有：项目信息计划管理，项目信息过程管理，项目信息安全管理，项目文件与档案管理，项目信息技术应用管理。信息采集可以根据项目的管理要求、重要性、资金投入等因素，主要采用现代信息技术手段，如物联网、智能设备等实现自动采集。大型建设项目，在项目的组织和资源规划中必须设立专门的信息管理机构，部门名称可以叫项目信息中心或项目信息办公室。

信息管理的要求：

① 严格保证信息的时效性，做到适时提供信息。一项信息如果不严格注意时间，那么信息的价值就会随之消失。因此，能适时提供信息，往往对指导工程开展十分有利，甚至可以取得很大的经济效益。项目信息管理应随工程的进展，及时收集、整理、处理、传递、存储、输出有关信息，要严格保证信息的时效性。

② 根据管理需要，提供针对性强、适用性高的信息。信息管理的重要任务之一，就是如何根据需要，提供针对性强、十分适用的信息。如果仅仅能提供成沓的细部资料，其中又只能反映一些普通的、并不重要的变化，决策者不仅要花费许多时间去阅览这些烦琐的信息，却得不到决策所需要的信息，使得信息管理起不到应有的作用。为此可以采取一些措施来避免。如，可通过运用数理统计等方法，分析搜集到的大量庞杂数据，找出影响重大的方面和因素，并力求给予定性和定量的描述；同时将过去和现在、内部和外部、计划与实施等加以对比分析，使之可明确看出当前的情况和发展的趋势；要有适当的预测和决策支持信息，使之更好地为管理决策服务，以取得应有的效应。

③ 所提供的信息有必要的精度，以满足使用要求为限。要使信息具有必要的精度，需要对原始数据进行认真的审查和必要的校核，避免分类和计算的错误。即使是加工整理后的资料，也需要作细致的复核。但信息的精度应以满足使用要求为限，并不一定是越精确越好，因为不必要的精度，需耗用更多的精力、费用和时间，容易造成浪费。

④ 综合考虑信息成本及信息收益，使信息效益最大化。各项资料的收集和处理所需要的费用直接与信息收集的多少、难易等因素有关，如果要求越细、越完整，则费用将越高。例如，如果每天都将项目上的进度信息收集完整，则势必会耗费大量的人力、时间和费用，这将使信息成本显著提高，而信息收益增加不大。因此，在进行工程项目信息管理时，必须综合考虑信息成本及信息所产生的收益，寻求最佳的切入点。

7.3.10 风险管理

风险管理计划应包括：风险管理目标，风险管理范围，可使用的风险管理方法、措施、工具和数据，风险跟踪的要求，风险管理的责任和权限，必需的资源和费用预算。项目风险管理程序涵盖项目实施全过程的风险管理内容，包括风险识别、风险分析、风险评估、风险应对和风险监控。风险应对措施是应对策略的具体化，需具有可操作性，包括技术、管理、经济等方面的内容。

如表 7-4 和图 7-31 所示。

风险识别 表 7-4

风险因素	风险识别
设计	①设计内容是否齐全？有无缺陷、错误、遗漏？ ②是否符合规范要求？ ③是否考虑了施工的可行性？
施工	①施工工艺是否落后？ ②施工方案是否合理？ ③施工采用的新技术、新方法是否成熟？ ④施工安全措施是否得当？
人员	①人员是否全部到位？ ②对项目达成的目标和分工是否明晰？ ③关键人员变动是否有适当的措施？
自然和环境	①是否有台风、滑坡、地震等不可抗拒的自然灾害？ ②是否了解工程所在地的工程地质和水文气象条件？ ③施工对周围环境有什么影响？是否有合适的举措？
资金	①资金是否到位？若资金不到位怎么办？ ②有无费用控制措施？
管理	①项目是否获得明确的授权？ ②与项目利益的各方能否保持良好的沟通？ ③能否具备有效的激励与约束、惩罚机制？
合同	①合同类型的选择是否得当？ ②合同条款有无遗漏？ ③项目成员在合同中的责任和义务是否清楚？ ④索赔管理是否有力？
物资供应	①项目所需物资能否按时供应？ ②出现物资规格、数量、质量问题时如何解决？
组织协调	上级部门、业主、设计、施工、监理等各利益相关方能否保持良好的沟通和协调？

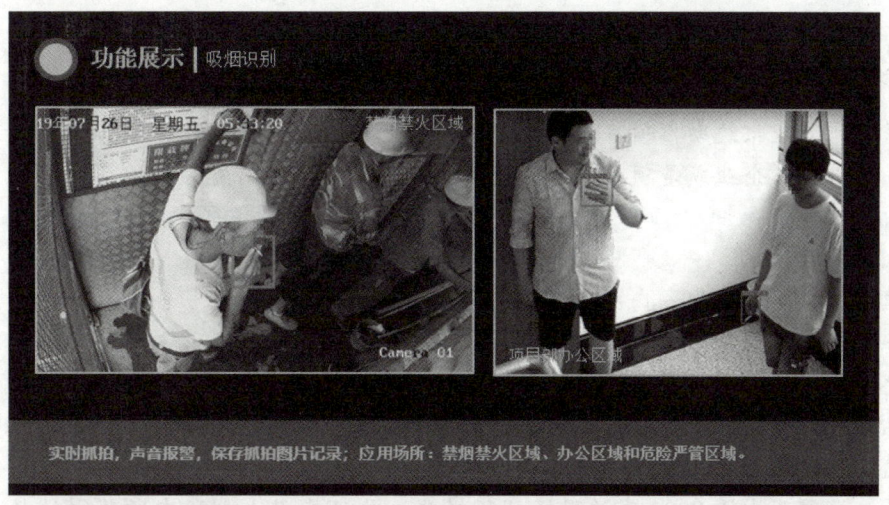

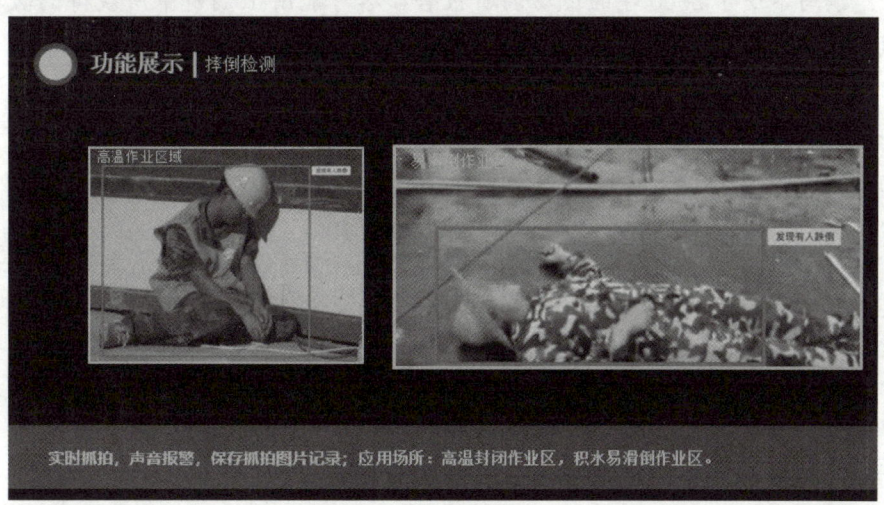

图 7-31　风险管理应用场景

综合考核

智慧工地管理系统助推项目精细化管理，这已经成为行业共识。同学们可以在教师的帮助下，走进施工企业或是项目部走访调研。调研之前请做好充分的准备，并完成安全教育。要树立"安全第一、预防为主"的思想，做到人人讲安全，时时讲安全，事事讲安全。

分组：班级同学分组，4～6人为一组。

任务：调研的内容可以包括这些问题：①是否有专门的人员参与智慧工地管理？这类人员需要什么样的素质？②智慧工地管理在该项目中主要有哪些内容？还可以增加哪些内容？③站在管理者的角度，智慧工地管理对现阶段工程的管理有哪些实质性变革？④未来建筑业发展的方向最可能落地的有哪些内容？

成果：撰写不少于2000字的现场调研报告，尽可能附上调研中所获得的数据和现场图片等相关材料。当然资料需要得到调研单位的允许，这可能涉及公司内部管理制度和知识产权的保护。同学们也要有知识产权的保护意识哦！

认知专业

模块三

建筑

学习单元 8

Chapter 8

智能建造背景下的工程伦理

学习背景

德才兼备的工程技术人员是高质量工程的重要保障，其成长离不开工程教育，特别是工程伦理方面的教育。开展工程伦理教育有利于提升工程师伦理素养，加强工程从业人员的社会责任；有利于推动可持续发展，实现人与自然的和谐共生；有利于协调社会各群体之间的利益关系，促进社会共享、和谐发展。本节主要介绍工程伦理相关理论和基本规范，培养工程伦理意识，掌握具体工程领域的伦理规范要求，全面提高工程伦理的决策能力，培养工程师的职业品质。

任务导入

人类的工程实践不仅是一种改造自然的技术活动，也是一种关系到人、自然与社会的伦理活动，这成为"工程伦理"作为一门学科建立和发展的现实背景。如何正确理解工程伦理呢？

8.1　工程与伦理

【知识引入】纵观全球工程界，"将公众的安全、健康和福祉放在首位"已成为普遍遵守的原则，这就要求工程技术人员及工程专业的学生必须具备"对职业与伦理责任的认知"。具体来说，一方面要求掌握扎实的理论知识和技术技能；另一方面，职业道德和工程伦理也成为必备的重要素养，甚至是更为重要的工程师品质要求。

【知识内容】走进智能建造时代，作为该领域的工程师必须深刻掌握相关智能建造技术的内涵及外延，才能依靠这些新技术建造出符合各方利益和符合工程伦理的工程项目。为此我们需要了解 4 个问题，如何理解工程、如何理解伦理、如何认识工程实践中的伦理问题、如何处理工程实践中的伦理问题。

8.1.1　技术和工程

"技术"和"工程"之间的关联性可以从 3 个方面理解。①都以满足人类的某种需要为目的，都是人类在认识世界的过程中为了获得更为优质的生活而改造世界的活动；②任何时代的工程活动都要以那个时代的技术为基础，工程要对技术进行集成，工程也是技术的重要载体，使技术的本质特征具体化；③技术是工程的手段，工程是技术的载体和呈现形式，技术往往包含在工程之中。

"技术"和"工程"之间的差异性可以从 4 个维度理解。①从"内容和性质"这一维度比较，技术属于发明层面，而工程属于建造层面；②从"成果的性质和类型"这一维度比较，发明、专利、技术、技巧和技能，在一定时间内有"产权"性质，而工程是指物质产品、物质设施，直接显现为物质财富本身；③从"活动主体"这一维度比较，技术的活动主体是发明家，而工程的活动主体是工程师、工人、管理者、投资方等；④从"任务、对象、思维方式"这一维度比较，技术具备普遍性、可重复性、思维方式，属于发明创造过程，而工程相对独立完整，时间空间上分布不均，具有独一无二性。

8.1.2　工程的定义

从广义来说，工程是由一群人为达到某种目的，在一个较长时间周期内进行协作活动的过程。如我们所说的"希望工程"，从广义上来说属于工程；又比如我们所说的"实现中华民族伟大复兴"，从广义上来说也属于工程，这些工程除了具备"形而下"实体部分，还具备"形而上"信仰层面。

从狭义来说，工程是以满足人类需求的目标为指向，应用各种相关的知识和技术手段，调动多种自然与社会资源，通过一群人的相互协作，将某些现有实体（自然的或人造的）汇聚并建造为具有预期使用价值的人造产品的过程，如"港珠澳大桥工程""三峡工程""北京大兴机场"等。我们说狭义上的工程，是指"形而下"具有实体层面的工程。

当然我们知道万事万物除了"形而下"维度所展示的范畴，还包括"形而上"维度所展示的范畴，因此我们在工程后面增加"伦理"二字，便实现了让狭义上的工程具备"形而上"信仰道德层面的维度。

8.1.3　工程活动维度

一般来说，工程具有以下五个环节：计划、设计、建造、使用、结束，五个环节密不可分，相互影响，共同构成了工程的完整生命周期过程。其中，设计和建造是工程实践的两个关键环节，二者相互交织、交互建构。

工程建造活动具有社会性和探索性。

就"社会性"层面而言，工程活动本身具有社会性，它是工程共同体通过实践将工程设计应用于自然界的过程，工程活动是为了"好的生活"，其造福人类社会的目标具有社会性，因此评价一个工程是否是好工程，主要看其是否增加全体人类社会的福祉，而且最好是永久地增加全体人类社会的福祉，而不是为了满足某个公司、某个个人、某个利益集团的利益，这就是工程建造活动"社会性"最核心的内涵。

就"探索性"层面而言，工程活动蕴含着有意识、有目的的设计，工程设计和实施过程中人们的知识与技术总是不完备的，工程实践的后果往往会超出预期，如"三峡大坝"工程就属于"探索性"层面，三峡大坝建成后给整个社会带来的影响，在建造之初是无法完全预测的。因此，人类在从事工程建造时，既要相信自己的技术和勇气，敢于改造自然，也要对大自然具有足够的敬畏之心，在建造过程中要谨慎小心，用心建造，不断修正自己的行为。

总体而言，工程活动具有 7 个维度：哲学的维度、技术的维度、经济的维度、管理的维度、社会的维度、生态的维度和伦理的维度。

8.1.4　道德与伦理

很多时候，道德和伦理是密切相关的。一个充满道德感、具备道德信仰的工程师，往往也具备较高层次的工程伦理意识，他在面对工程伦理困境时往往能够作出最符合全人类长久利益的选择。道德和伦理具有正相关属性。两者的共同点，都强调值得倡导和遵循的行为方式，都以"善"为追求的目标；两者的不同点，"道德"更突出个人因为遵循规则而具有"德性"，"伦理"突出依照规范来处理人与人、人与社会、人与自然之间的关系。较之"道德"，"伦理"更多地展开于现实生活，其存在形态包括家庭、市民社会、国家等，如我们经常所说的家庭伦理关系（如夫妻之间的关系、父子之间的关系、兄弟之间的关系），上下级之间的关系，个人与国家的关系，个人与团体的关系、个人与他人之间的关系、学生与老师之间的关系等。

8.1.5　伦理立场

伦理主要有 4 种立场：①功利论。聚集于行为的后果，一般来说从功利角度来处理伦理问题往往是不可取的。作为个人而言，从功利立场出发作出决策，往往具有较大的社会危害性，如建筑工程领域的监理工程师，如果他收乙方施工单位送的钱，然后昧着良心把不满足验收标准的分部分项工程签字验收通过，对于他个人，从功利角度来说，他也许是成功的，但这一行为将给社会带来极大的危害。②义务论。关注行为的动机，即只要动机正当即可接受。③契约论。即满足社会协议精神，如建筑工程施工，甲乙双方按照施工合同所规定的权利和义务来处理双方之间的关系。④德性论。以"行为者"为中心，强调行为者即上述所说的工程师等人的道德品质修养。

8.1.6　伦理困境与伦理选择

伦理困境，是指价值标准的多元化以及现实的人类生活本身的复杂性，导致在具体情境之下的道德判断与抉择的两难困境。如古代所说的"忠孝不能两全"就是属于伦理困境；再比如当个人利益和集体利益、国家利益发生冲突时，就个人而言也处于伦理困境中。当今中国建筑业从传统建造方式转向智能建造方式，也会产生不同程度的伦理困境。同学们可以假设一些伦理困境的场景，然后问问自己，面对这种伦理困境，我将作出怎样的选择？如抹灰机器人全面铺开，导致绝大部分抹灰工失业，带来社会不稳定，算不算伦理问题？再比如为了赶工，让建筑机器人一天连续工作二十四小时，导致建筑机器人使用寿命大大降低，是否也存在一定的伦理问题呢？

由于社会构成的复杂性，工程师在工程实践中将不可避免地遇到各种各样的伦理困境，如何进行伦理决策，可以从 4 个伦理关系入手。①自由与责任的关系。在尊重个人的自由、自主性的同时，要明确个人对他人、对集体和对社会的责任。②效率和公正的关系。在追求效率，以尽可能少的投入获得尽可能多的收益的同时，要恰当处理利益相关者的关系，促进社会公正。③个人与集体的关系。在追求工程的整体利益和社会利益的同时，充分尊重和保障个人利益相关者的合法权益。反过来，工程实践也不能一味追求个人利益，而忽视了工程对集体、对社会可能产生的广泛影响。④环境与社会的关系。工程实践的一个重要特点是对自然环境和生态平衡带来直接的影响，在实现工程社会价值的过程中，如何遵循环境伦理的基本要求，促进环境保护，维护环境正义，将是工程实践不得不面对的重要挑战。

8.1.7　认识工程实践中的伦理问题

1. 工程实践共同体

工程活动是一种集成多种自然与社会资源，协调多种利益诉求和冲突的社会活动，是一种极其复杂的社会实践，需要众多的行动者参与。工程活动的各个环节涉及不同类型的参与者，特别是随着工程规模和设计领域的逐步扩大，工程活动所包含的群体数量越来越多，构成也越来越复杂，这些参与者共同构成了工程实践的共同体。如建筑工程实践共同体就包括建设单位（甲方）、施工单位（乙方）、监理单位（第三方）、设计单位、勘察单位、物资供应单位、政府建筑业监管部门（如建筑工程质量监督站、建筑工程安全监督站等）、工程咨询单位（如招投标单位、造价咨询单位等）。就单独以施工单位为例，又可以细分为施工总承包单位、专业分包单位、劳务分包单位。可见一个工程项目所涉及的单位和人员是极其多样而复杂的，如何协调他们之间的关系，如利益关系、人际关系就属于工程实践中所遇到的伦理问题。厘清工程实践共同体各利益相关者的利益诉求，建立相对公正的行为规范和伦理准则，尽量减少或消除这种冲突，正是工程伦理致力解决的问题。

2. 主要的工程伦理问题

工程活动集成了多种要素，包括技术要素、经济要素、社会要素、自然要素和伦理要素等。其中，伦理要素关注的是工程师等行为主体在工程实践中如何"正当地行事"。工程实践中遇到的伦理问题主要包括 4 个方面。

（1）工程的技术伦理问题

工程活动是一种技术活动，工程技术伦理即工程技术活动所涉及的伦理问题。如技术工具论者认为，技术是一种手段，本身并无善恶。而技术自主论者则认为，技术具有自主性。如我们经常所说的，人工智能技术的发展问题，是否应该任其自由地发展，万一今后人工智能技术发展出现了问题，是否会出现如电影上所展示的未来的人类将被人工智能所控制，人类将成为人工智能的奴隶？

（2）工程的利益伦理问题

工程建设过程中，本质上就是利益各相关方互相博弈的过程。智能建造时代依然是如此，如建设单位、施工单位、监理单位、设计单位、政府监管单位，各方围绕同一个工程项目开展各自的工作，必将产生不同程度的利益冲突，这个时候如何处理各方利益冲突便显得非常重要。工程的基本责任是为人类的生存和发展创造福祉。因此，如何通过工程活动平衡好各方利益，在争取实现效益最大化的同时，协调好各方利益，兼顾效益与公平两个方面，就成为工程中的利益伦理问题着力解决的核心问题，同时也是衡量工程实践活动好坏的重要标准。

（3）工程的责任伦理问题

工程责任不但包括事后责任和追究性责任，还包括事前责任和决策责任。工程师是工程责任伦理的主要主体。如果工程师没有强烈的责任意识，那么他们建造出来的产品（建筑物）的质量无法保证，必将带来重大的社会不稳定因素；如果工程师没有强烈的责任意识，那么工程的建造过程必然存在极大的安全隐患，进一步将导致重大的安全事故，人民群众的生命财产安全将受到重大的损失。

（4）工程的环境伦理问题

当今地球环境污染不可谓不严重，其很大的原因便在于人类工业化的进展过程中，以牺牲环境为代价换取社会经济的发展。如何协调保护环境与促进经济发展之间的关系，是值得我们深思的问题。我们在工程建设过程中一定要将工程建设对环境生态的破坏降低到最小，正如习近平总书记所说的"绿水青山就是金山银山"。保护好生态环境才能实现可持续发展，才能让人类文明永续地存在与发展，因此我们必须杜绝那种"杀鸡取卵，涸泽而渔"的工程建设行为。

3. 正确处理工程实践中的伦理问题

处理好工程实践中的诸多伦理问题，行为者首要的是需要辨识清楚工程实践场景中的伦理问题，然后通过对当下工程实践及其生活的反思和对规范的再认识，将伦理规范所蕴含的"应当"现实地转化为自愿、积极的"正确行动"。

（1）工程实践中伦理问题的辨识

事物的发展是有规律的，要解决工程伦理问题，首先我们要能够意识到工程伦理问题的存在。现在很多工程师犯下了很多严重的错误，很大程度上是他们根本没有意识到会产生这些后果。因此我们有必要提升自己发现问题的能力，能够辨识到工程实践中产生的各种伦理问题。如智能建造时代的场景之一便是智慧工地，智慧工地相比传统工地，它对建筑产业工人的管理模式和管理力度都是不一样的，那么我们工程师首先要思考一个问题，智慧工地管理是否会存在类似侵害建筑产业工人个人隐私的伦理问题呢？

在具体的工程实践中，工程伦理问题常常与社会问题、法律问题等其他问题交织在一起，在辨识伦理问题时，可以思考两个问题。①何者面临工程伦理问题。在建筑工程实践活动中面临伦理问题的对象范围非常广泛，不仅包括建筑产业工人、施工单位建造师、设计单位设计师、监理单位监理工程师、造价单位造价工程师，还包括建筑业监管部门（如建筑工程质量监督站、建筑工程安全监督站）、建筑材料供应商等。②何时出现工程伦理问题。在建筑工程建设过程中，决策阶段是否会出现工程伦理问题，设计阶段是否会出现工程伦理问题，招投标阶段是否会出现工程伦理问题，施工建设阶段是否会出现工程伦理问题，后期竣工验收、维护使用阶段是否会出现工程伦理问题。不同时间段出现的工程伦理问题，其性质和所导致的后果是不一样的。因此，有必要在时间维度上及时辨识出工程伦理问题。

（2）处理工程伦理问题的基本原则

发现工程伦理问题之后，如何处理？不同的人有不同的处理方案。但是在处理工程伦理问题时，必须遵循一些基本原则，否则将有可能在处理这一工程伦理问题时导致其他更大的工程伦理问题。伦理原则是指处理人与人、人与社会利益关系的伦理准则。工程伦理要"将公众的安全、健康和福祉放在首位"。由此出发，处理工程中伦理问题要坚持三个基本原则。

① 人道主义——处理工程与人关系的基本原则。人道主义提倡关怀和尊重，主张人格平等，以人为本。中国传统文化中便有很多人道主义思想，如儒家所说的"民为贵，社稷次之，君为轻"便是朴素的人道主义思想，中国共产党强调的"全心全意为人民服务"便是人道主义精神的完美体现。

② 社会公正——处理工程与社会关系的基本原则。社会公正从本质上来说，属于一种群体的人道主义，即要尽可能公正与平等，尊重和保障每一个人的生存权、发展权、财产权和隐私权等。具体到工程领域，社会公正体现为在工程的设计与建造过程中需要兼顾强势群体与弱势群体、主流文化与边缘文化、直接利益相关者与间接利益相关者等各方利益。

③ 人与自然和谐发展——处理工程与自然关系的基本原则。自然是人类赖以生存的物质基础，人与自然的和谐发展是处理工程伦理问题的重要原则，这种和谐发展不仅意味着在具体的工程实践中注重环保、尽量减少对环境的破坏，同时，还意味着对待自然方式的转变，即自然不再是机械自然观视野下的被支配的客体与对象，而是具有自身发展规律和利益诉求的。

（3）应对工程伦理问题的基本思路

一般来说，在面对具体的工程伦理问题时，我们可以采取程序性步骤去应对和解决所面临的工程伦理问题，具体分为五个方面。

① 培养工程实践主体的伦理意识。伦理意识是解决伦理问题的第一步，许多伦理问题是由于实践主体缺乏必要的伦理意识造成的。意识引领行动，脑袋指挥手脚，如建筑工程施工人员或者建筑产业工人没有安全施工的意识，野蛮施工的话，那么造成工程事故发生的概率将大大提高。

② 化解工程实践中的伦理问题。利用伦理原则、底线原则，如发生个人利益和国家利益冲突的具体情境时，我们要以国家利益为重，因为"没有国便没有家"。当然在确保国家利益之时，我们也要兼顾个人利益，因为国家就是由千千万万的个人组成的。

③ 多方听取意见解决难以抉择的伦理问题。可采用专家座谈法、利益相关群体调查法等，听取多方意见、认真分析后，作出的决策往往比一意孤行要更为正确合理。

④ 及时修正相关伦理准则和规范。理论指导实践，实践所积累的经验反过来完善理论。因此，面对工程实践中遇到的伦理问题，要及时修正伦理准则和规范自身存在的问题，以便更好地指导工程活动。

⑤ 建立相关规章制度保障工程伦理准则的实施。

综合考核

2007年5月14日，厦门某工程1号楼发生火灾事故，虽无人员伤亡，但导致主干道交通中断达2个小时，造成不良社会影响。当天11时40分左右，火苗从1号楼西北角18楼外脚手架底部窜出，并迅速向上部及两侧蔓延。项目部发现后立即拨打火警电话求救，并迅速启动防火灭火应急预案，组织人员，与随后赶到的消防官兵一同进行灭火抢救，大火于13时30分被扑灭。

事故直接原因——钢筋班工人曹某无证违章作业，在未经项目部审批就动火，无人监护、未采取安全防火措施的情况下，使用电焊烧割1号楼屋面构造柱钢筋，熔渣掉落在西北角18楼外脚手架底部引燃竹脚手板和安全网，进而引发火灾。

事故间接原因——曹某虽是火灾造成者，但这起事故的发生也与建设相关单位息息相关。①该项目施工防火设施不符合要求，消防水源使用的立管直径未根据建筑物高度合理配置，致使灭火时水压不足，不能满足灭火需要，延误灭火时机。②施工、监理单位及其项目部安全管理不到位，消防安全管理制度未落到实处，个别职工消防安全意识薄弱。③火灾事故发生时已近中午，气温较高，风干物燥，且因起火点在18层，楼高风大，火借风势，使火情更难以控制。

请同学们从上述事故案例分析和曹某的违法行为反思，如何"严谨做人，规范做事"，并展开充分讨论。

8.2　工程中的风险、安全与责任

【知识引入】工程总是伴随着风险，这是由工程本身的性质决定的。工程系统不同于自然系统，它是根据人类需求创造出来的自然界原本不存在的人工建造物。它包含自然、科学、技术、社会、政治、经济、文化等诸多因素，是一个远离平衡态的复杂系统。如果工程系统不进行定期的维护与保养，或者工程系统在设计阶段、施工阶段就出现问题，那么工程就将处于高风险当中，进而发生安全事故，导致不同程度的人员死亡、经济损失和社会不稳定。特别是现代土木工程建设，如超高建筑、超大跨度建筑等都伴随着极大的风险，风险一旦失控就会发生重大安全事故。

【知识内容】智能建造时代，虽然一定程度上降低了工程风险，但依然存在传统建造所面临的风险，同时增加了新的建造风险。如何应对工程风险呢? 我们需要解决：工程风险的来源及防范、工程风险的伦理评估、工程风险中的伦理责任这三个问题。

8.2.1　工程风险的来源及防范

1. 工程风险的来源

随着我国国民经济的高速增长和现代化建设的日益加快，工程项目的数量越来越多，规模越来越大。同时，瞬息万变的社会环境又给工程项目带来了更多的不确定因素，由此产生的项目风险与日俱增，风险损失也越来越严重。因此，对工程项目的风险管理问题进行深入研究，努力探索规避和化解项目风险、降低风险损失的有效途径具有现实意义。

由于工程类型的不同，引发工程风险的因素是多种多样的。总体而言，工程风险主要由三种不确定因素造成：工程中技术因素的不确定性、工程外部环境因素的不确定性和工程中人为因素的不确定性。

建设工程项目的风险包括项目决策的风险和项目实施的风险，项目实施的风险主要包括设计的风险、施工的风险和材料、设备以及其他建设物资的风险等。

2. 工程风险的可接受性

世界上没有绝对的安全，任何一个工程在建造过程中都存在各种各样的风险，风险是无法避免的。如果为了追求零风险，那么我们便无法做任何事情，世界上将看不到任何一栋建筑物、任何一座桥梁，因为建造过程不可能是零风险。但是即使如此，我们在工程建设过程中依然要将风险控制在大众能够接受的范畴，这便是工程风险可接受性的逻辑思维。我们之所以敢坐飞机，不是因为飞机是绝对安全的，而是因为飞机发生事故的概率是极其低的，低到公众能够接受的程度。但即使如此，与飞机相关的各工程技术人员不能因为坠机事故非常低，工作便粗心大意。因此有必要对风险的可接受性进行分析、界定安全的等级，并针对一些不可控的意外风险事先制定相应的预警机制和应急预案。

根据国务院发布的《生产安全事故报告和调查处理条例》的规定：按生产安全事故（以下简称事故）造成的人员伤亡或者直接经济损失，事故一般分为以下等级：①特别重大事故，是指造成 30 人以上死亡，或者 100 人以上重伤，或者 1 亿元以上直接经济损失的事故；②重大事故，是指造成 10 人以上 30 人以下死亡，或者 50 人以上 100 人以下重伤，或者 5000 万元以上 1 亿元以下直接经济损失的事故；③较大事故，是指造成 3 人以上 10 人以下死亡，或者 10 人以上 50 人以下重伤，或者 1000 万元以上 5000 万元以下直接经济损失的事故；④一般事故，是指造成 3 人以下死亡，或者 10 人以下重伤，或者 1000 万元以下 100 万元以上直接经济损失的事故。

3. 工程风险管理

《建设工程项目管理规范》GB/T 50326—2017 对风险管理的一般规定明确指出："组织应建立风险管理制度，明确各层次管理人员的风险管理责任，管理各种不确定因素对项目的影响。"为了进行有效的风险管理，有必要对风险进行科学评估。风险评估包括的工作：①利用已有数据资料（主要是类似项目有关风险的历史资料）和相关专业方法分析各种风险因素发生的概率；②分析各种风险的损失量，包括可能发生的工期损失、费用损失以及对工程的质量、功能和使用效果等方面的影响；③根据各种风险发生的概率和损失量，确定各种风险的风险量和风险等级。

风险管理目标为：各类风险事件发生前，尽可能选择较经济、合理、有效的方法来减少或避免风险事件的发生，将风险事件发生的可能性和后果降至可能的最低程度。各类风险事件发生后，应共同努力、通力协作，立即采取针对性的风险应急预案和措施，尽可能减少人员伤亡、经济损失和周边环境影响等，排除风险隐患。

8.2.2 工程风险的伦理评估

工程风险的评估涉及社会伦理问题。工程风险评估的核心问题"工程风险在多大程度上是可接受的"，这本身就是一个伦理问题，其核心是工程风险可接受性在社会范围内的公正问题。因此，有必要从伦理学的角度对工程风险进行评估和研究。

1. 工程风险的伦理评估原则

一般来说，工程风险伦理评估原则可分为 4 个层面。

① 以人为本的原则。"以人为本"的风险评估原则意味着在风险评估中要体现"人不是手段而是目的"的伦理思想，充分保障人的安全、健康和全面发展，避免狭隘的功利主义。在具体工程实践过程中，要特别加强对弱势群体的关注，尽量避免多数人的利益损害到少数人的利益，正如习近平总书记说的，在全面奔向小康社会的征程中，一个都不能少。

② 预防为主的原则。在工程风险的伦理评估过程中，我们要实现从"事后处理"到"事先预防"的转变，坚持"预防为主"的风险评估原则。一旦工程已经对环境产生重大的污染，造成无法挽回的生态环境破坏，这时候再进行"事后处理""亡羊补牢"已经为时晚矣。而且即使能够进行事后补救，也将付出极大的代价。因此"事先预防"是最为经济、最为正确、最符合伦理道德的原则。我国安全生产法就明确规定，我国安全生产方针为"安全第一、预防为主、综合治理"。

③ 整体主义的原则。自然生态是一个完整的整体，在处理工程伦理问题时，要具备系统思维。在工程风险的伦理评估中要有大局观念，要以社会整体和生态整体的视角来思

考某一具体的工程实践活动所带来的影响。在人与社会的关系上，每个人都是社会整体的组成部分，整体价值大于个体价值，个体只有在社会整体之中才能生存。"精忠报国""家是最小国、国是千万家""苟利国家生死以、岂因祸福避趋之""天下兴亡、匹夫有责""先天下之忧而忧、后天下之乐而乐"等中华优秀传统思想正是这种整体主义原则的展现。

④ 制度约束的原则。最好的管理便是运用制度来进行管理，靠个人自觉进行有效的管理相对而言保障性较低。如酒驾问题，法律法规未制定之前，仅靠公益广告道德劝说效果不好，但是一旦制定了"酒驾要担负刑事责任"的法律法规，酒驾发生的概率便大大降低。因此我们有必要制定一系列的制度来确保工程质量安全及对环境的保护等问题。

2. 工程风险的伦理评估途径

工程风险的伦理评估可通过三种途径进行。

①工程风险的专家评估。运用专家的知识技能和丰富经验来对复杂的伦理问题进行评估。②工程风险的社会评估。工程风险的社会评估所关注的不是风险和收益的关系，而是与广大民众切身利益息息相关的方面。③工程风险评估的公众参与。工程风险的直接承受者往往是社会公共大众，所以在工程风险评估时，有必要让受到直接牵连的公众参与进来。只有公众真正参与进来，企业和政府部门才能知道他们的真正需求，才能有的放矢，否则工程风险评估可能沦为形式主义，无法取到真正的效果。

8.2.3　工程风险中的伦理责任

1. 理解伦理责任

一件事情的成败往往跟责任心的强弱密切相关，甚至直接相关，就工程建设而言也是如此。大部分工程建设，如住宅小区建设、桥梁建设等，其建造技术已经很成熟，之所以会发生工程安全事故，绝大部分的原因就是建筑从业人员的责任心不够。因此，责任在当下伦理学中占据着非常重要的地位。当今社会是一个科技高度发展的社会，科技越发达，人类改造世界的能力就越大，其自由度也就越大，因此必须具备足够强大的责任心才能约束工程师的行为。

伦理责任不同于职业责任。职业责任是工程师履行本职工作时应尽的岗位（角色）责任，而伦理责任是为了社会和公众利益需要承担的维护公平和正义等伦理原则的责任。工程师的伦理责任一般来说要大于或重于职业责任。一般而言，职业责任的范畴小于伦理责任，因为职业责任涉及的范围往往在一个公司，而伦理责任涉及的范围是整个人类社会。

2. 工程伦理责任的主体

工程伦理责任的主体包括工程师个人和工程共同体。

① 工程师个人的伦理责任。与人类其他活动相比，工程活动有着独特的知识要求。工程师作为专业人员，具有一般人不具有的专门的工程知识，他们不仅能够比一般人更早、更全面、更深刻地了解某项工程成果给人类带来的福利，同时他们作为工程活动的直接参与者，工程师比其他人更了解某一工程的基本原理以及所存在的潜在风险。因此，工程师的个人伦理责任在防范工程风险上具有至关重要的作用。

② 工程共同体的伦理责任。现代工程在本质上是一项集体活动，因此当工程风险发生时，往往不能把全部责任归为某一单位或某一个人，而是需要工程共同体共同承担。工

程活动中不仅有科学家、设计师、工程师、建设者的分工和协作，还有投资者、决策者、管理者、验收者、使用者等利益相关者的参与。他们都会在工程活动中努力实现自己的目的和需要。因此，工程责任的承担者就不仅限于工程师个人，而是要涉及包括诸多利益相关者的工程共同体。

 ## 综合考核

2009 年 6 月 27 日清晨 5 时 30 分左右，上海某小区内一栋在建 13 层住宅楼倒塌，由于倒塌的高楼尚未竣工交付使用，所以事故并没有酿成特大居民伤亡事故。但是造成一名施工人员死亡。该栋楼整体朝南侧倒下，13 层的楼房在倒塌中并未完全粉碎，楼房底部原本应深入地下的数十根预应力钢筋混凝土管桩被"整齐"地切断后裸露在外。

事件的主要原因分析——短期内堆土过高，同时临近大楼南侧的地下车库正在进行挖掘工作，大楼两侧的土压力不平衡产生了水平位移，过大的水平力超过桩基的抗侧能力导致楼房倒塌。中国工程院院士江欢成在新闻发布会上表示，这次倒塌事故简单说就是无知导致无畏。

如果我就是这个项目的从业人员，请同学们通过项目的角色扮演，分别谈谈：化解风险的办法是什么？面对已经倒塌的建筑，我们又应该怎么做？请以演讲的形式完成本次研讨作业。

8.3   工程与环境伦理

【知识导入】工程是人生产性的社会实践活动，这就注定了工程必须与人和社会打交道，从而产生社会伦理问题；另一方面，工程是改造自然的活动，需要直接与自然打交道，在现代的文明社会中又会产生出环境伦理问题。社会伦理问题涉及人与人的道德关系，传统的人际伦理学已经对此有深入研究。环境伦理问题则是一个现代问题，它涉及人与自然环境的道德关系，是一个对现代工程既重要又容易被简单化的问题。

【知识内容】一个好的工程必须满足环境伦理的基本要求。走进智能建造时代，如何实现工程建设与环境保护的统一呢？我们需要了解生态环境状况、人类工程活动对环境的压力、环境问题的治理理念。

8.3.1   生态环境现状

随着经济的发展，生态环境和生态文明建设日益被人们关注。伴随着中国经济的飞速发展，中国的国际地位有了质的提升，人们环境保护意识也随之增强，此前过度注重经济发展，忽略生态环境保护的做法得到有效遏制。近些年来，虽然我们加大了环境保护力度，但还是存在较大的环境问题。

1. 水土流失问题

水土流失是指由于自然或人为因素的影响，雨水不能就地消纳，而是顺势下流、冲刷土壤，造成水分和土壤同时流失的现象。在自然状态下，纯粹由自然因素引起的地表侵蚀过程非常缓慢，多与土壤形成的过程保持一种相对平衡状态。但在人类活动的干预下，特别是人类严重破坏了坡地植被后，引起地表土壤破坏和土地物质的移动，导致流失过程加速，引发水土流失现象。

2. 土地荒漠化问题

土地荒漠化是植被破坏、过度放牧、大风吹蚀、流水侵蚀、土壤盐渍化等因素造成的大片土壤生产力下降或丧失的现象。土地荒漠化是全球面临的重大生态问题。理论上讲，土地荒漠化的成因是自然因素和人为因素综合作用形成的结果，二者互相影响、交替演变。

3. 森林面积不断减少

森林是人类的摇篮，人类的祖先正是从森林里走出来的。由于人类对森林的过度采伐和自然灾害的影响，世界上的森林资源正在迅速减少，对人类的危害是不可估量的，会加剧土壤侵蚀，引起水土流失，改变流域的生态环境，加剧河流的泥沙量，使得河流河床抬高，增加洪水水患。

4. 地下水位下降，水体污染严重

随着城市人口的增加和工业的发展，地下水的过度开采使我国地下水位急速下降，造成我国淡水资源短缺加剧。地表环境污染加剧又引发地下水污染，严重威胁到人身体健康

和生命财产安全。

8.3.2　人类工程活动对环境的压力

1. 工程活动中的环境影响

任何工程活动都会对环境造成相应的影响。常见的有以下几类问题：①工程活动会消耗大量的能源和天然资源，如汽油、柴油和电力等。②工程活动会产生各种建筑垃圾、废弃物、化学品或危险品，引发环境污染。③工程活动中产生的施工污水和生活污水，未经适当处理排放后，会污染海洋、河流或地下水等水体。④工程施工过程中不可避免会产生大量噪声和振动，对附近的居民造成滋扰。⑤工程活动中的施工机械所排放的废气中含有大量的二氧化碳会引起温室效应，工程施工中产生的粉尘也会对附近居民造成不良影响。因此，必须在人类的工程活动和生态环境保护之间找到平衡点，努力使两者的关系协调起来。

2. 工程活动中的环境价值观

正确的工程理念是工程活动的出发点和归宿，是工程活动的灵魂。历史上的都江堰、郑国渠等许多工程都是在正确的工程决策指导下名垂青史的，但也有不少工程由于工程决策的失误殃及后人。工程活动的最高境界应该是实现并促进人类与自然的协同发展，因此，对人类工程活动的评价需要建立一个双标尺价值评价体系，既有利于人类发展，同时也有利于自然发展，也就是要建立绿色工程价值观，要求从工程活动的规划设计阶段就要考虑工程活动与人类和生态环境之间的关系，并将这种绿色工程价值观贯彻到工程活动实施的全过程，谋求在工程的质量、成本、工期、安全和环境等方面均取得良好的效果。

8.3.3　环境问题的治理理念

党的十八大以来，"绿水青山就是金山银山"这一理念朴素易懂、直观形象，深刻表达了经济利益与环境利益具有协调一致性的理论内涵，充分体现了对生态环境保护、民生福祉和构建人与自然关系的关注。党的十九大更加明确和坚定了这一新理念，强调"建设生态文明是中华民族永续发展的千年大计"，将生态文明建设纳入"两个一百年"宏伟目标。

1. 以现代科技来保护生态环境，自然资源的供给力还会增强

人类生存发展必然要利用自然资源，但利用与破坏并不具有必然联系。只要人类能合理并有节制地利用自然资源，建立生命共同体理念，以可持续发展为基本原则，就能处理好发展经济和保护环境之间的关系，从而能很好地解决经济利益与环境利益之间的矛盾。习近平总书记在2019年中国北京世界园艺博览会开幕式上的讲话中再次重申："绿水青山就是金山银山，改善生态环境就是发展生产力。良好生态本身蕴含着无穷的经济价值，能够源源不断创造综合效益，实现经济社会可持续发展。"

2. 以良好的环境利益推动经济利益发展，以生态文明建设为新的经济增长点

生态文明建设不是一项孤立的工程，而是和现实生活、民族未来紧密相连的。20世纪六七十年代，面对日益严峻的生态环境问题，罗马俱乐部发表了研究报告《增长的极

限》。这份报告警告人类：经济和人口的增长存在极限并即将超越极限，只有有限增长或停止增长，才能避免世界性灾难的来临。然而，增长极限论与人类社会发展的趋势和各国人民幸福生活的愿望相违背，在现实中很难被接受和落实。随后，可持续发展、绿色经济、生态经济等各种新构想纷纷涌现。

2013 年 11 月 9 日，习近平总书记在《关于〈中共中央关于全面深化改革若干重大问题的决定〉的说明》中指出，"山水林田湖是一个生命共同体，人的命脉在田，田的命脉在水，水的命脉在山，山的命脉在土，土的命脉在树"。以生态文明建设为新的经济增长点，注重保护生态环境谋求经济发展，是思维方式的巨大变革，也是生态文明建设方案的重大创新。这个理念坚持以发展的眼光看问题，倡导以保护生态环境为重心统一经济利益与环境利益，从保护生态环境中寻求经济发展的新动力，开拓经济发展的新空间和新机遇。这样的经济发展在初衷和起点上就是绿色的、可持续的，具有巨大潜力和广阔前景。

3. 坚持生态惠民、生态利民、生态为民，不断满足人们日益增长的良好生态环境需求

中国新方案不仅有力推动了我国生态文明建设，满足了我国人民对富裕生活和优美环境的期望，也对全球生态文明建设具有重要意义。①中国新方案解决了在人类工业化和现代化进程中避免以破坏环境为代价的难题，塑造了新型工业化和现代化，为人类寻找到正确的发展道路。②中国新方案创造性地解决了发展经济与保护环境的矛盾，为发展中国家摆脱困境指明了方向。③中国新方案克服了西方环境保护运动与经济利益相冲突的局限，在我国社会主义建设中已经得到实践，并取得了一定成效。中国新方案不仅仅是理念和构想，也是生动的社会实践。

综合考核

2016 年 11 月 24 日，江西某发电厂三期扩建工程发生冷却塔施工平台坍塌特别重大事故，造成 73 人死亡，直接经济损失 10197.2 万元。经国务院事故调查组调查认定，这是一起生产安全责任事故。

事故的直接原因——施工单位在 7 号冷却塔第 50 节筒壁混凝土强度不足的情况下，违规拆除第 50 节模板，致使第 50 节筒壁混凝土失去模板支护，不足以承受上部荷载，从底部最薄弱处开始坍塌，造成第 50 节及以上筒壁混凝土和模架体系连续倾塌坠落。

请同学们再次查阅本案例相关资料，了解工程安全事故处理程序，学习事故处理"四不放过"原则，即事故原因未查清不放过、责任人员未处理不放过、整改措施未落实不放过、有关人员未受到教育不放过；并认真分析事故原因，通过对相关责任部门和责任人的处理结果，进一步体会建筑安全无小事的压力和责任。以分组研讨的方式进行，并形成小组研讨记录。

8.4 工程师职业伦理道德

【知识导入】在传统的大众认知里，工程师是从事某项工程技术活动的"专家"，而"专家"的词源本是"profess"。因此，在传统的工程师"职业"的概念中先天地包含了专业技术知识和职业伦理道德两方面的内容；而现代赋予工程师"职业"以更多的内涵，"诸如组织、准入标准，还包括品德和所受的训练以及除纯技术外的行为标准"。

【知识内容】工程伦理众多因素所构成的系统中，最核心的依然是人，也就是工程师。如何加强建筑从业人员的工程伦理道德呢？

8.4.1 工程职业

1. 职业的地位与性质

广义上讲，职业是提供社会服务并获得谋生手段的任何工作。本教材中所谈及的"职业"，是指"那些涉及高深的专业知识、自我约束管理和对社会公众服务的工作形式"。职业既是人们谋生的手段，又是对社会应尽的职责和义务，如何处理好它们之间的关系是职业内在的道德内容。

职业有着三种社会性质和地位：①每种职业都意味着承担一定的社会责任。②每种职业都意味着享有一定的社会权利。③每种职业都体现和处理着一定的利益关系。职业的社会性质和地位，决定了它必然要在道德上、素质上有自己的特殊要求。

工程职业包含了知识的高度专业化与关乎公众的福祉两个层面，工程师与社会之间就存在一种信托关系。

2. 工程社团是工程职业的组织形态

职业把社会中的人们以"集团"或"群体"的形式联系起来，而这个职业"群体"从一开始就是有一定目标或一定意图并担任一定社会职能的。从这个意义上说，职业是社会组织的一种形式。如土木工程协会就是一群由土木工程师等个人组成的团体。社会分工直接产生职业，职业共同体产生于人们共同参与的活动、交往、关系和委身的事业中。职业共同体制定章程约束职业个人的行为，在守法遵守道德等方面引导或指引个人职业行为，从而让整个职业共同体为社会大众所信任、所尊重。

职业共同体对外代表整个职业，向社会宣传本职业的重要价值，维护职业的地位和荣誉；对内，职业共同体制定执业标准，通过研究和开发促进职业发展，通过出版专业杂志、举办学术会议和进行教育培训，增进从业人员的知识和技能，提高专业服务水平，并且协调从业人员之间的利益关系。

"当一个行业把自身组织成为一种职业的时候，伦理章程一般就会出现。"工程社团的职业伦理章程以规范和准则的形式，为工程师从事职业活动、开展职业行为设立了"符合真善美"的职业标准。工程伦理章程的主要关注点是促进负责任的职业行为，具体包含四层含义：①工程师的责任就是他（她）在工程生活中必须履行的角色责任，如建筑工程项目部施工员就必须依照建筑工程图纸、建筑规范标准、建筑施工方案监督指导现场施工人员施工。②工程师不仅"具有作为道德代理人的一般能力，包括理解道德原则和按照道德原则行动的能力"，还可对履行特定义务作出回应，如建筑业监管部门质监站、安监站工作人员在工地检查时杜绝收受施工单位、建设单位贿赂而在验收过程中弄虚作假，这便是他们遵守道德上"真实""诚信"的原则，并按此道德原则进行行动。③工程师接受自己的工作职责和社会责任，并且自觉地为实现这些义务努力。④在具体的工程活动中，工程师能明确区分何为正当的（道德的）行为、何为错误的（不道德的）行为，进而明白自己的责任是双向的；他（她）既可以对自己行为的功绩要求荣誉，同样也须对行为的危害承担责任。如工程师用心建造的工程获得了鲁班奖、詹天佑奖，那么工程师将得到相应的金钱奖励，同时也有助于职称晋升，并且获得受社会公正赞美的荣誉；另一方面，如果工程师违章指挥、偷工减料导致工程安全事故发生，那么他们也将受到金钱方面的罚款，甚至是刑法方面的追究而坐牢。

3. 工程职业制度

一般来说，工程职业制度包括职业准入制度、职业资格制度和执业资格制度。其中，工程职业资格又分为两种类型：一种属于从业资格范围，这种资格是单纯技能型的资格认定，不具有强制性，一般通过学历认定取得，如某些公司要求相应岗位的工作人员必须具备大专以上学历；另一种则属于执业资格范围，主要针对某些关系人民生命财产安全的工程职业而建立的准入资格认定制度，有严格的法律规定和完善的管理措施。如国家法律强制性规定建筑工程项目部项目经理必须具备注册建造师执业资格证书，必须由注册建造师担任项目经理；又比如建筑工程项目部的第三方监理公司的总监理工程师岗位也必须持有注册监理工程师执业资格证书，必须由注册监理工程师担任总监理工程师岗位。

工程师职业准入制度的具体内容包括高校教育及专业评估认证、职业实践、资格考试、注册执业管理和继续教育五个环节。职业资格制度是一种证明从事某种职业的人具有一定的专门能力、知识和技能，并被社会承认和采纳的制度。它是以职业资格为核心，围绕职业资格考核、鉴定、证书颁发等而建立起来的一系列规章制度和组织机构的统称。执业资格制度是职业资格制度的重要组成部分，它是指政府对某些责任较大、社会通用性较强、关系公共利益的专业或工种实行准入控制，是专业技术人员依法独立开业或独立从事某种专业技术工作学识、技术和能力的必备标准。

8.4.2　工程职业伦理

1. 作为职业伦理的工程伦理

众所周知，工程师所从事的工程建造这一领域对社会的影响非常大，并不是纯粹工程师个体能够自我负责、自我行动的纯个人领域，因此，作为工程师职业而言，天然地对社会公众，对自然界具有重要的伦理责任。工程师作为工程团体的一员，工程团体理应编制一系列的伦理章程约束工程师的行为。伦理章程是由职业社团编制的一份公开的行为准则，它为职业人员如何从事职业活动提供伦理指导。以中国建设监理协会对建设工程监理人员职业道德行为准则的规定为例，同学们从中可以感受到职业团体应尽的工程伦理职责，如表 8-1 所示。

建设工程监理人员职业道德行为准则   表 8-1

序号	具体要求
1	遵法守规,诚实守信。遵守法规和行业自律,讲信誉,守承诺,坚持实事求是,公平、独立、诚信、科学地开展工作
2	恪尽职守,严格监理。履行合同义务,执行工程建设标准,提供专业化服务,保障工程质量,维护业主权益和公共利益
3	爱岗敬业,优质服务。履行岗位职责,做好本职工作,热爱监理事业,通过优质服务,塑造监理良好形象
4	团结协作,互相支持。发挥团队优势,协调配合,沟通交流,优势互补,不损害他人利益,与项目各方建立良好合作关系
5	加强学习,提升能力。积极参加专业培训,不断更新技术知识,扩大专业结构,提高监理综合服务水平
6	廉洁自律,保守秘密。不以个人名义承揽业务,不同时在两个或两个以上单位注册及兼职,抵制不正之风,保守商业秘密
7	立足实践,自主创新。不抄袭他人监理成果,不盗用他人技术信息,科技引领创新驱动,尊重知识产权
8	支持协会工作,履行会员义务,积极提出建议,共同推动建设监理行业健康发展

2. 工程师职业道德

现代工程要求工程师除具备专业技术能力外,还要具备在利益冲突、道义与功利矛盾中作出道德选择的能力。除对工程进行经济价值和技术价值判断外,还必须具备对工程进行伦理价值判断的能力。除具备专业技术素养外,还应具备道德素养。

很多工程师的职业伦理规范都规定了工程师的一些基本道德责任,如忠实于雇主和客户,不谋私利等,进而要求工程师将社会公众的安全、健康和福祉置于至高无上的地位等。对于这些责任的性质,不应该只看成职业义务的履行,而更应该理解为一种"德性的实践"。例如,在涉及利益冲突的情况下,责任与良心和美德的关联就会凸显出来。在职业活动中,工程师经常会面对这样的局面,雇主为了经济动机而牺牲产品的安全性或者是对环境造成危害。工程师是否应该拒绝执行雇主的指令,甚至向社会揭露这一问题呢?为此,工程师可能会面临雇主的诱惑、压力乃至惩罚,使道德选择与工程师切身利益发生直接联系。在这种局面下,就会拷问工程师的道德水准,呼唤工程师的良心。

📖 综合考核

2021年9月,党中央批准了中央宣传部梳理的第一批纳入中国共产党人精神谱系的伟大精神,雷锋精神被纳入其中。雷锋精神的核心是信念的能量、大爱的胸怀、忘我的精神、进取的锐气,这也正是我们民族精神的最好写照,是我们民族的脊梁。

请同学们深刻领会雷锋精神的时代内涵,并结合本单元的学习,基于工程伦理的角度,对自己的职业生涯做一个规划,并针对"干一行爱一行、专一行精一行",如何做到立足本职、忠于职守、兢兢业业、精益求精?

学习单元 9

Chapter 9

智能建造工程和智能建造技术专业的人才培养和课程设置建议

学习背景

　　智能建造工程和智能建造技术专业作为适应建筑信息化、工业化、智能化、数字化升级而新增的高等职业本科和专科专业，是中等职业教育、高等职业教育专科和高等职业教育本科一体化职业教育目录体系不可或缺的专业，打通了学历成长路径，保证了从低学历向高学历发展的需求，为实现终身学习奠定了基础。本节重点介绍新专业目录下智能建造工程和智能建造技术专业的人才培养，也为同学们后期"中高职一体""专升本"做好专业的指导。

任务导入

　　从中等职业教育、高等职业教育专科和高等职业教育本科，职业岗位由土建施工的操作人员→技术与管理人员→高层次技术与管理人员的逐步晋级。在不同的人才成长通道上，同学们如何适应这样的工作岗位呢？

9.1 我国现代职业教育体系

  我国现代职业教育体系建设正按照"三步走"战略深入推进：2011—2012 年重点推进中高职统筹与衔接，2015 年初步形成体系框架，2020 年建成较为完善的高等职业教育体系。作为高等教育发展的一个类型，高等职业教育完整体系包括高职专科和高职本科，肩负着培养面向生产、建设、服务和管理第一线需要的高素质的应用技术型和职业技能型高等专业人才的使命，在我国加快推进社会主义现代化建设进程中具有不可替代的作用。

  随着我国加快城乡建设一体化进程、新型工业化道路、建设社会主义新农村和创新型国家对高技能人才要求的不断提高，为了适应国家经济转型和新的经济增长方式转变对各类高级技能人才的需求，构建现代职业教育的"立交桥"，促进现代职业教育的发展。根据《关于推动现代职业教育高质量发展的意见》，到 2025 年，职业本科教育招生规模不低于高等职业教育招生规模的 10％，让更多的职业学校毕业生接受高质量的职业本科教育，让人们日益多元化、个性化的教育需求得到更好满足，"人人皆可成才、人人尽展其才"的美好愿景正在加速变为现实。从 2019 年开始，教育部先后批复了 32 所职业大学，积极促进地方高校向应用科技大学转型。希望通过一些高校的示范带头作用，探索高等职业教育的发展规律，既要学习借鉴国外的先进经验，又充分考虑中国的实际情况，形成自己的发展特色。目前从更广阔的视野来看，这标志着我国"中职—高职专科—高职本科"纵向贯通的学校职业教育体系已经确立，有助于优化高等教育结构。

9.2   新专业的产生

2021 年 3 月，教育部发布《职业教育专业目录（2021 年）》，目录按照"十四五"国家经济社会发展和 2035 年远景目标对职业教育的要求，在科学分析产业、职业、岗位、专业关系基础上，对接现代产业体系，服务产业基础高级化、产业链现代化，统一采用专业大类、专业类、专业三级分类，一体化设计中等职业教育、高等职业教育专科、高等职业教育本科不同层次专业，专业总体调整幅度超过 60%。新版专业目录是以新发展理念为指导，对专业设置进行了较大调整，体现了专业全面升级和数字化改造新要求。土建施工类专业的一体化设计如表 9-1 所示，其中智能建造技术和智能建造工程专业均属于土建施工类的新增专业。

土建施工类专业中职—高职专科—高职本科一体化设计   表 9-1

专业类	中职专业	高职专科专业	高职本科专业
土建施工类	建筑工程施工 建筑工程检测 装配式建筑施工	建筑工程技术 智能建造技术 地下与隧道工程技术专业 土木工程检测技术 装配式建筑工程技术 建筑钢结构工程技术	建筑工程 智能建造工程 城市地下工程 建筑智能检测与修复

2022 年 9 月，教育部发布新版《职业教育专业简介》。新版简介全面贯彻新发展理念，服务产业转型升级需要，展现职业教育专业升级与数字化改造的最新成果，覆盖新版专业目录全部 19 个专业大类、97 个专业类的 1349 个专业。其中，中等职业教育 358 个，高等职业教育专科 744 个，高等职业教育本科 247 个。简介充分体现了职业教育法新要求，全面展现了职业教育各层次、各专业人才培养的要素和环境要求，同时填补了职业本科专业简介的空白。简介立足增强职业教育适应性，体现中职、高职专科、高职本科的人才培养的定位区别与关联，更新了职业面向、拓展了能力要求、更新了课程体系，增列了实习场景、接续专业、职业类证书等，有利于提高职业教育专业适配产业升级的响应速度，为学校制订人才培养方案提供了基本遵循，为学生报考职业院校及继续深造提供了指导，为校企合作提供了依据，为用人单位录用毕业生提供了参考。

9.3 智能建造工程专业人才培养

1. 智能建造工程专业人才培养定位

高等职业本科与普通本科、应用技术型本科虽属于同一层次不同类型的高等教育范畴，但它们之间又有着诸多不同，它更突出职业性、技术性、应用性。智能建造工程专业对接时代发展，对接数字经济，对接科技进步，对接市场需求，对接新职业岗位，培养德智体美劳全面发展，掌握扎实的科学文化基础和建筑构造、建筑力学、建筑结构、建筑信息模型、智能测量、自动控制、工程岩土等知识，具备建筑构件深化设计、智能化测量放线、建筑机器人应用与管理、智能化检测与评定、解决大型复杂智能化施工技术问题和建筑工程项目施工策划与组织管理等能力，具有工匠精神和信息素养，能够从事大型复杂建筑构件深化设计、建筑智能化施工、智能化施工项目管理工作的高层次技术技能人才。

2. 智能建造工程专业人才主要职业能力要求

按照教育部发布的《职业教育专业简介》，智能建造工程专业人才主要职业能力要求如下。

- 能够运用建筑结构与构造相关知识，并借助深化设计软件进行构件深化设计的能力。
- 具有施工计算，临时支撑设计、检算的能力。
- 具有进行智能化施工项目策划、编制智能化施工方案、指导智能化施工的能力。
- 具有设计开发智能化施工工艺与方法，进行项目信息化管理的能力。
- 能够借助建筑信息模型进行多专业协同及使用现代信息手段进行进度管理、质量管理、造价管理、安全管理的能力。
- 具有选择智能化检测设备，编制工程质量检测方案，对采集的数据进行分析与判断，并提出解决办法的能力。
- 具有绿色施工、安全防护、质量管理、节能减排意识及正确应用建设工程法律法规的能力。
- 具有一定的国际视野、创新能力及适应建筑业数字化转型升级的数字化应用与管理能力。
- 具有探究学习、终身学习和可持续发展的能力。

3. 智能建造工程专业课程设置

按照教育部发布的《职业教育专业简介》，具体建议如下。

（1）专业基础课程

以建筑工程技术专业传统的专业基础课程为主，融入一些交叉学科的内容。建议有：建筑力学、建筑材料、建筑构造与识图、建筑结构、土力学与地基基础、智能机械与机器人、自动控制与人工智能、智能测量技术等。

（2）专业核心课程

聚焦数字化、信息化、智能化的能力培养，对标行业，对传统课程全面升级改造。建议有：建筑信息模型应用、智能建造施工技术、高层建筑施工、建筑工程智能检测、建筑施工组织、建筑工程质量与安全管理、建筑工程计量与计价、工程项目智慧管理。

（3）专业拓展课程

不同于普通本科跨学科领域开设的课程，职业本科一般以智能设计、智能建造、智能运维、智慧管理等为培养侧重点，按照不同的方向，设置不同模块的课程并加以组合，形成主专业＋方向的培养特色和主线。如智能设计方向，建议开设装配式混凝土结构深化设计、钢结构深化设计、建筑设备与 BIM 实务等相关课程。智慧管理方向，建议开设全过程工程咨询、EPC 管理实务、工程造价数字化应用等相关课程。

9.4 智能建造技术专业人才培养

1. 智能建造技术专业人才培养定位

智能建造技术专业主要面向土木建筑工程技术人员、项目管理工程技术人员等职业，建筑智能化施工等岗位（群）。培养德智体美劳全面发展，掌握扎实的科学文化基础和建筑结构、建筑构造、建筑信息模型建模、工程测量、大数据分析、电工电子原理、自动控制等知识，具备建筑信息模型应用、分部分项工程方案编制、测量放线、建筑机器人操作与管理、工程质量与安全管理、工程质量检测与评定、物联网及信息化技术应用等能力，具有工匠精神和信息素养，能够从事建筑智能化施工技术与施工活动管理等工作的高素质技术技能人才。

2. 智能建造技术专业人才主要职业能力要求

按照教育部发布的《职业教育专业简介》，智能建造技术专业人才主要职业能力要求如下。

- 具有运用智能测量技术知识，完成智能化施工放线和数据处理的能力。
- 具有编写基本程序，规划机器人工作路线、工作方式等的能力。
- 具有运用建筑信息模型进行多专业协同设计、施工方法与工艺模拟、工程进度控制与优化、工程计量与计价、工程质量检测等的能力，具有项目信息化管理的能力。
- 具有运用测绘、机械、电气、自动控制、土木工程等知识，编制分部分项工程施工方案并组织指导施工的能力。
- 具有按照有关进度、质量、安全、造价、环保和职业健康的要求，科学组织、指导智能化施工，并处理施工中一般技术问题的能力。
- 具有运用智能化设备进行工程质量检测，并对数据进行分析的能力。
- 掌握建设工程法律法规，具有绿色施工、安全防护、质量管理意识。
- 具有一定的创新能力，能够适应建筑业数字化转型升级。
- 具有探究学习、终身学习和可持续发展的能力。

3. 智能建造技术专业课程设置

按照教育部发布的《职业教育专业简介》，具体建议如下。

（1）专业基础课程

建议有：智能建造技术导论、建筑构造与识图、建筑结构、BIM 建模技术、建筑力学、大数据与云计算、电工电子基础、自动控制技术等课程。

（2）专业核心课程

建议有：建筑信息模型应用、智能测量技术、智能机械与机器人、智能建造施工技术、建筑工程施工组织、建筑工程质量与安全管理、智能检测与监测技术。

（3）专业拓展课程

建议有：地理信息系统技术应用、无人机航拍技术、云数据分析、装配式结构深化设计、装配式构件制作与施工安装等。

　　专业也可结合所在区域智能建造技术发展和应用现状，对专业课程进行调整；也可结合教学改革实际，重构课程体系，如按项目式、模块化教学需要，将专业基础课程内容、专业核心课程内容、专业拓展课程内容和实践性教学环节有机重组为相应课程。

综合考核

　　2022 年 5 月 10 日，在庆祝中国共产主义青年团成立 100 周年大会上，习近平总书记提出"有责任有担当，青春才会闪光"。请同学们深刻理解这句话，并从自己的专业出发，查阅本专业的职业面向、培养目标定位、设置的课程，为自己设计大学期间"千日工匠"成长方案；通过每人 5 分钟的演讲活动，清晰地传达出"我的青春我做主"。

学习单元 10

Chapter 10

智能建造技术专业群的人才培养和课程设置建议

学习背景

　　"双高"计划，即中国特色高水平高职学校和专业建设计划，是国家集中力量建设一批引领改革、支撑发展、中国特色、世界高水平的高职学校和高水平专业群，带动职业教育持续深化改革，打造技术技能人才培养高地和技术技能创新服务平台；引领职业教育服务国家战略、融入区域发展、促进产业升级。专业群作为"双高"计划的基本条件，成为评价高水平高职学校的核心要素，成为高职教育高质量发展的重要发力点。本节重点介绍以智能建造技术专业为核心专业来组建的专业群。

任务导入

　　智能建造技术专业群，围绕施工现场的土建施工员、装配式建筑施工员、建筑信息模型技术员等职业岗位，培养专科层次"一岗跨岗"的一专多能人才。如何迅速成长为这样的复合型高素质技术技能人才呢？

10.1 "双高"背景下的智能建造技术专业群

当新一代信息技术与传统产业融合创新时，新的行业、新的工种、新的岗位群开始涌现。在社会的高度分工下，职业越来越细分，职业教育的专业也越来越细分；同时职业跨界性越来越明显，工作环境复杂多变，单一技能很难适应工作要求，岗位能力要求越来越综合化。单一专业的人才培养已初显适应性不足。"双高"背景下，"专业群"概念的提出，是对高职教育的内涵建设提出了新的要求、机遇和挑战，某种意义上正在引发高职教育的一场革命。

专业群不同于专业。组群逻辑是专业群建设的起点，根据专业群的研究现状和建设实际，高职院校组建高水平专业群的基本逻辑有以下三类：①产业逻辑，即基于产业结构、产业空间布局和产业链条组建专业群，专业群内各专业与产业有着明确的对应关系，产业的调整和转型升级决定着专业群的调整和优化；②岗位逻辑，即以职业岗位（群）为依据，充分体现职业分工的逻辑关系，针对职业岗位（群）人才需求设置专业群，尽可能多地覆盖行业岗位群；③知识逻辑，即将专业作为一个知识传递和生产载体，知识关系是专业关系的核心，依据专业知识的相关性和内在逻辑构建专业群。本文仅介绍以技术基础相近的岗位逻辑组建的专业群。

智能建造技术专业群紧密对接建筑产业链中的施工环节，适应产业高端工业化、绿色化、信息化等发展趋势，以装配化生产、智能化施工、智慧化管理为核心，聚焦建筑工程施工过程中复合型技术技能人才培养，面向土建施工员、装配式施工员、建筑信息模型技术员等核心岗位群，组建以智能建造技术专业为核心，建筑工程技术、装配式建筑工程技术专业为支撑，N 个施工技术链相关专业相融合的"3＋N"智能建造技术专业群，如图 10-1 所示。整合优化资源，发挥人才培养的聚集效应，改善专业群人才培养供给效率与质量，实现人才培养供给侧与建筑产业需求侧全方位融合。

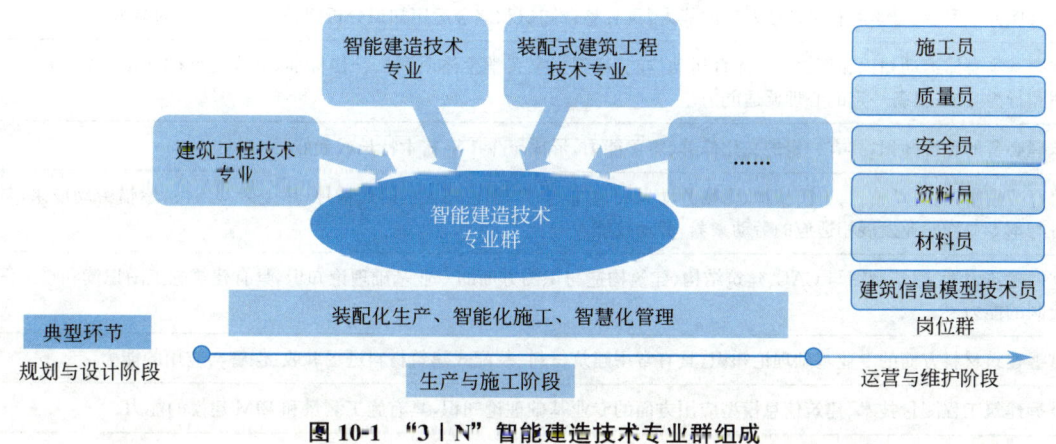

图 10-1 "3＋N"智能建造技术专业群组成

10.2 智能建造技术专业群的人才培养

1. 智能建造技术专业群人才培养定位

本专业群培养能够践行社会主义核心价值观，德智体美劳全面发展，具有一定的科学文化水平，良好的人文素养、科学素养、职业道德和创新意识，精益求精的工匠精神，较强的就业创业能力和可持续发展的能力，掌握本专业群知识和技术技能，面向房屋建筑行业的施工与管理相关技术人员等职业岗位，能够从事装配式构件生产与管理、建筑施工技术与施工活动管理、装配式与智能化施工技术与施工活动管理等工作的高素质技术技能人才。

2. 智能建造技术专业群人才主要职业能力要求

本专业群学生应在系统学习专业知识并完成有关实习实训基础上，全面提升素质、知识、能力，掌握并实际运用岗位需要的专业群核心技术技能，需要达到的专业通用能力如表 10-1 所示，智能建造技术专业、建筑工程技术专业、装配式建筑工程技术专业学生侧重的专业核心能力见表 10-2。

专业通用能力一览表   表 10-1

坚定拥护中国共产党领导和中国特色社会主义制度，以习近平新时代中国特色社会主义思想为指导，践行社会主义核心价值观，具有坚定的理想信念、深厚的爱国情感和中华民族自豪感
能够熟练掌握与本专业群从事职业活动相关的国家法律、行业规定，掌握绿色生产、环境保护、安全防护、质量管理等相关知识与技能，了解相关产业文化，遵守职业道德准则和行为规范，具备社会责任感和担当精神
掌握支撑本专业群学习和可持续发展必备的高等数学、信息技术等文化基础知识，具有良好的科学素养与人文素养，具备职业生涯规划能力
具有良好语言表达能力、文字表达能力、沟通合作能力，具有较强的集体意识和团队合作意识，学习 1 门外语并结合本专业加以运用
具有探究学习、终身学习和可持续发展的能力，具有整合知识和综合运用知识分析问题和解决问题的能力
掌握基本身体运动知识和至少 1 项体育运动技能，达到国家大学生体质测试合格标准，养成良好的运动习惯、卫生习惯和行为习惯；具备一定的心理调适能力
掌握必备的美育知识，具有一定的文化修养、审美能力，形成至少 1 项艺术特长或爱好
培育劳模精神、劳动精神、工匠精神，弘扬劳动光荣、技能宝贵、创造伟大的时代精神，热爱劳动人民，珍惜劳动成果，具备与本专业群职业发展相适应的劳动素养、劳动技能
掌握建筑力学、建筑制图与 CAD、建筑结构、建筑构造与识图方面的专业基础理论知识，具有建筑施工图识读和竣工图绘制的能力
掌握建筑材料方面的专业基础理论知识，具有常用建筑材料、装配式建筑材料进场验收、保管与应用的能力
掌握建筑工程测量技术、建筑信息模型应用方面的专业基础理论知识，具有施工测量和 BIM 建模的能力
具有适应产业数字化发展需求的基本数字技能，掌握信息技术基础知识、专业信息技术能力，基本掌握建筑领域数字化技能

专业核心能力一览表　　　　　　　　　　　　　　　　表 10-2

智能建造技术	掌握电工电子、自动控制、大数据与云计算、物联网等方面的理论知识
	掌握测量机器人施工放线、无人机倾斜测量、三维激光扫描、智能检测设备应用、智能机械与机器人操作、建筑信息模型应用等技术技能,具有智能化施工设备操作能力
	掌握智能建造施工专项方案编制、建筑工程质量与安全管理等技术技能,具有智能化施工技术与管理的能力
	具备智慧工地设施设备及软件平台选型、应用、简单维护、异常工况处理等能力
建筑工程技术	掌握工程地质方面的专业基础理论知识,具有阅读岩土勘察报告的能力
	掌握建筑工程施工技术、进度管理等技术技能,具有编制建筑工程分部分项工程施工方案,参与编制一般单位工程施工组织设计、参与施工进度控制的能力
	掌握质量管理、安全管理等技术技能,具有对建筑工程施工质量和施工安全进行检查与监控的能力
	掌握成本控制等技术技能,具有编制建筑工程量清单报价,参与施工成本控制、竣工结算和工程投标的能力
	掌握技术资料管理等技术技能,具有建筑工程资料的编制、收集、整理、保管和移交的能力
装配式建筑工程技术	掌握装配式建筑深化设计等技术技能,具有装配式建筑构件与连接深化设计的能力
	掌握装配式建筑构件生产与管理等技术技能,具备预制构件制作过程的生产方案编制、实施的能力
	掌握建筑施工技术、装配式混凝土结构施工、装配式钢结构施工等技术技能,具备利用 BIM 技术进行地基与基础、砌体结构、现浇混凝土结构、钢结构、建筑防水、装配式一体化装修等施工与管理的能力
	掌握装配式建筑施工组织、装配式建筑质量与安全管理等技术技能,具备利用 BIM 技术进行装配式建筑预制构件现场吊装方案编制、实施、组织协调、质量控制及安全检查的能力
	掌握装配式构件计量与计价等技术技能,具有预制构件工程量清单报价编制的能力,能参与施工成本控制、竣工结算、工程招投标

3. 智能建造技术专业群课程设置

专业群课程设置分为公共基础课程和专业课程两类。建议将专业课程分为专业群基础课程、专业群核心课程(平台＋方向)、专业群拓展课程(其中包含了综合技能实践类课程)。不同的专业组群,课程体系中的课程设置和逻辑关系会有所不同。本教材只是给出模块化课程的设置建议,如图 10-2 所示。

(1)专业群基础课程

建议有:建筑力学、建筑材料、建筑制图与 CAD、建筑构造与识图、建筑结构与平法识图、建筑设备与识图、地基与基础、BIM 建模技术、工程伦理、建筑法律法规、智能建造导论等。

(2)专业群核心课程

专业群核心课程可分为核心平台课程和核心方向课程。根据各专业需要,核心平台课程由 3＋N 核心模块和专业方向模块组成,建议有:建筑施工技术、建筑施工组织、建筑信息模型应用、建筑工程质量与安全管理。这四门课程打破传统的课程形式,按照模块化设计理念,将每一门课程按照 3＋N 个专业最通识的能力培养确定内容,然后依方向分别培养该门课程下的方向能力。以"建筑施工技术"课程为例,智能建造技术专业的学生需要完成"建筑施工技术 1"的模块学习,还需要完成与建筑施工技术有关的智能化方面的模块即"智能方向模块 3"的学习。

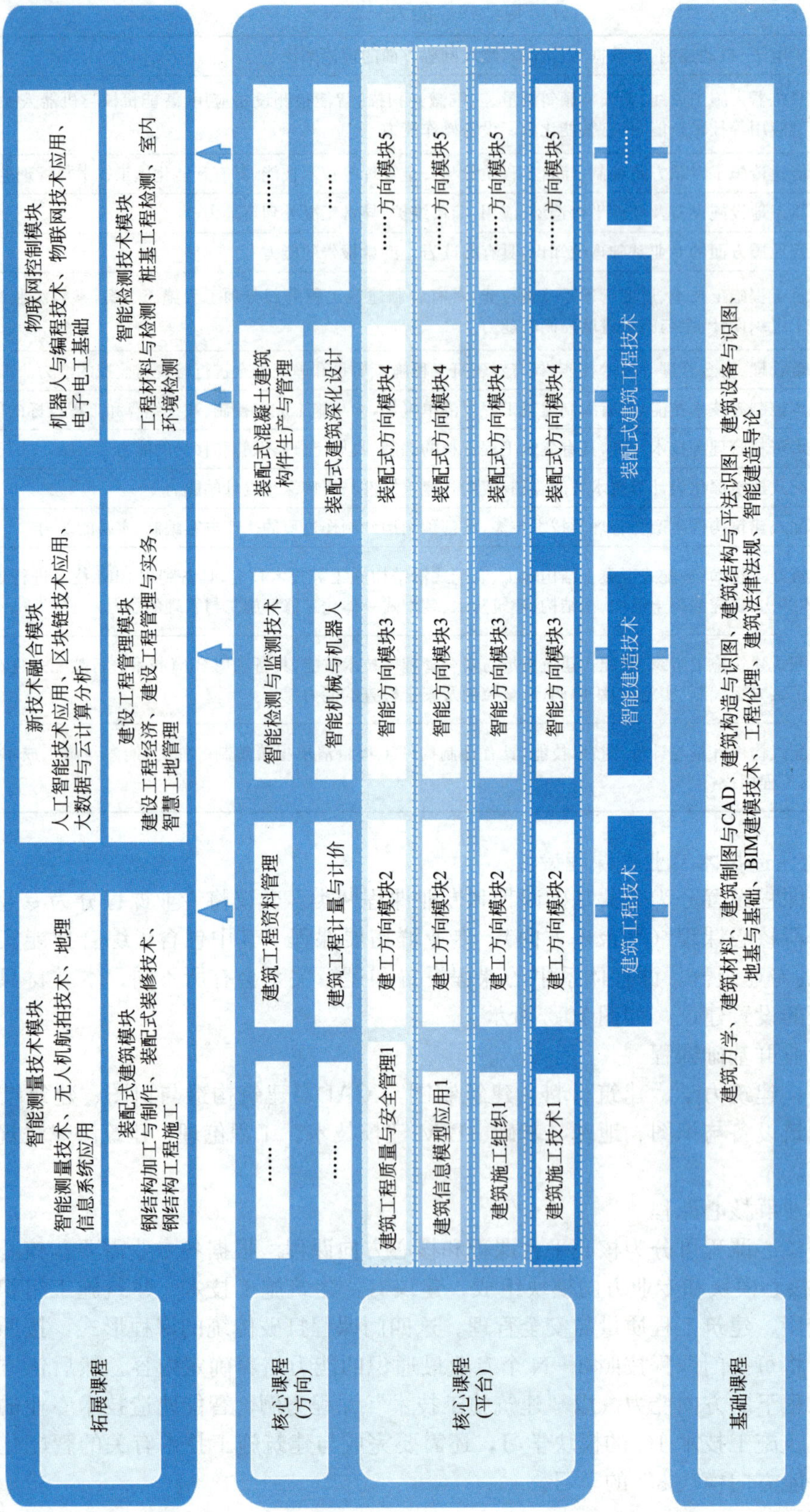
拓展课程
智能测量技术模块
智能测量技术、无人机航拍技术、地理信息系统应用
新技术融合模块
人工智能技术应用、区块链技术应用、大数据与云计算分析
物联网控制模块
机器人与编程技术、物联网技术应用、电子电工基础
装配式建筑模块
钢结构加工与制作、装配式装修技术、钢结构工程施工
建设工程管理模块
建设工程经济、建设工程管理与实务、智慧工地管理
智能检测技术模块
工程材料与检测、桩基工程检测、室内环境检测
核心课程（方向）
……
建筑工程资料管理
智能检测与监测技术
装配式混凝土建筑构件生产与管理
……
……
建筑工程计量与计价
智能机械与机器人
装配式建筑深化设计
……
核心课程（平台）
建筑工程质量与安全管理1
建工方向模块2
智能方向模块3
装配式方向模块4
……方向模块5
建筑信息模型应用1
建工方向模块2
智能方向模块3
装配式方向模块4
……方向模块5
建筑施工组织1
建工方向模块2
智能方向模块3
装配式方向模块4
……方向模块5
建筑施工技术1
建工方向模块2
智能方向模块3
装配式方向模块4
……方向模块5
建筑工程技术
智能建造技术
装配式建筑工程技术
……
基础课程
建筑力学、建筑材料、建筑制图与CAD、建筑构造与识图、建筑结构与平法识图、建筑设备与识图、地基与基础、BIM建模技术、工程伦理、建筑法律法规、智能建造导论

图 10-2　智能建造技术专业群课程体系建议框图

建筑工程技术专业开设的核心方向课程建议：建筑工程资料管理、建筑工程计量与计价等。智能建造技术专业开设的核心方向课程建议：智能检测与监测技术、智能机械与机器人。装配式建筑工程技术专业开设的核心方向课程建议：装配式建筑深化设计、装配式混凝土建筑构件生产与管理等。

（3）专业群拓展课程

专业群拓展课程为专业群互选课程，各专业可根据实际需要按模块或课程交互选用，建议设 6 个拓展模块。

智能测量技术模块：智能测量技术、无人机航拍技术、地理信息系统应用等。

装配式建筑模块：钢结构加工与制作、装配式装修技术、钢结构工程施工等。

新技术融合模块：人工智能技术应用、区块链技术应用、大数据与云计算分析等。

建设工程管理模块：建设工程经济、建设工程管理与实务、智慧工地管理等。

物联网控制模块：机器人与编程技术、物联网技术应用、电子电工基础等。

智能检测技术模块：工程材料与检测、桩基工程检测、室内环境检测等。

综合考核

当前，很多学校根据自身办学定位和服务产业需求，重新科学规划专业布局，创新专业建设新模式，组建了专业群，以实现教学资源的整合优化，提升人才培养质量和服务产业发展能力。请同学们查阅文献，了解建设类院校各类专业群组群情况，树立"群"的思维方式；并结合自己所在的专业群，了解"群"人才培养方案和模块化课程体系，探讨"如何成为集几个专业核心能力于一身的综合性、复合型技术技能人才"。以座谈的方式交流自己的想法。

参考文献

[1] 沈福煦 . 建筑概论 [M]. 上海：同济大学出版社，1994.

[2] 沈福煦 . 建筑学概论（增补版）[M]. 上海：上海人民美术出版社，2021.

[3] 夏玲涛，邹京虹 . 建筑构造与识图 [M]. 2版 . 北京：机械工业出版社，2019.

[4] 中华人民共和国住房和城乡建设部 . 民用建筑设计统一标准：GB 50532—2019 [S]. 北京：中国建筑工业出版社，2019.

[5] 中华人民共和国住房和城乡建设部 . 建筑业10项新技术（2017版）[M]. 北京：中国建筑工业出版社，2017.

[6] 中华人民共和国住房和城乡建设部 . 建筑工程施工质量验收统一标准：GB 50300—2013 [S]. 北京：中国建筑工业出版社，2014.

[7] 中华人民共和国住房和城乡建设部 . 建筑施工组织设计规范：GB/T 50502—2009 [S]. 北京：中国建筑工业出版社，2014.

[8] 中华人民共和国建设部 . 施工现场临时用电安全技术规范：JGJ 46—2005 [S]. 北京：中国建筑工业出版社，2005.

[9] 中华人民共和国住房和城乡建设部 . 混凝土结构工程施工质量验收规范：GB 50204—2015 [S]. 北京：中国建筑工业出版社，2015.

[10] 杜修力，刘占省，赵研 . 智能建造概论 [M]. 北京：中国建筑工业出版社，2021.

[11] 尤志嘉，吴琛，郑莲琼 . 智能建造概论 [M]. 北京：中国建材工业出版社，2021.

[12] 刘文峰，廖维张，胡晨斌 . 智能建造概论 [M]. 北京：北京大学出版社，2021.

[13] 毛超，周雨 . 智能建造产业的核心企业供应链组织结构解析 [J]. 建筑经济，2021，42（04）：14-18.

[14] 王国豫等 . 科学技术伦理的跨文化对话 [M]. 北京：科学出版社，2009.

[15] 张永强 . 工程伦理学 [M]. 北京：北京理工大学出版社，2011.

[16] 王玉岚 . 工程伦理与案例分析 [M]. 北京：知识产权出版社，2020.

[17] 徐海涛 . 工程伦理 [M]. 北京：电子工业出版社，2020.

[18] 张嵩 . 工程伦理学 [M]. 大连：大连理工大学出版社，2015.

[19] 李正风等 . 工程伦理 [M]. 北京：清华大学出版社，2016.

[20] 中华人民共和国住房和城乡建设部 . 建筑与市政工程施工现场专业人员职业标准：JGJ/T 250—2011 [S]. 北京：中国建筑工业出版社，2012.

[21] 中华人民共和国住房和城乡建设部 . 建筑信息模型应用统一标准：GB/T 51212—2016 [S]. 北京：中国建筑工业出版社，2017.

[22] 毛超，刘贵文，等 . 智慧建造概论 [M]. 重庆：重庆大学出版社，2022.

[23] 张琨，单塔多笼循环运行施工电梯 [P]. 中国专利：CN201320126267.6，2013-08-07.

[24] 施旭光，一种基于5G技术塔吊无人驾驶系统 [P]. 中国专利：202022332430，2021-01-22.

[25] 中建三局 . 首创！三局"悬挂式重载升降机"圆满完成项目应用 [EB/OL]. （2021-09-28）[2022-11-18]. https://www.thepaper.cn/newsDetail_forward_14712667.

[26] 塔身倾斜了还能吊！中建三局"可变角度斜附式塔机"试验成功 [EB/OL]. （2021-11-09）[2022-11-18]. http://chinacar.com.cn/newsview393237.html.

[27] 李洋 . 地面找平建筑机器人的设计与实验研究 [D]. 北京：北京建筑大学，2021.

［28］韩立芳．钢筋绑扎机器人智能绑扎施工方法及系统［P］．中国专利：CN202010442522.2，2020-08-25.

［29］唐文相．抹灰装置及抹灰机器人［P］．中国专利：CN202010871688.6，2020-12-01.

［30］王辉．基于 BIM 的智能测量机器人系统及测量方法［P］．中国专利：CN201910897895.6，2019-11-19.

［31］张林．一种爬壁式钢筋扫描检测机器人［P］．中国专利：CN202210924113.5，2022-10-25.

［32］丁小生．一种便携式屋顶缝焊机［P］．中国专利：CN201910330792.1，2021-11-30.

［33］中国工程建设标准化协会．智慧工地管理标准：T/CECS 651—2019［S］．北京：中国计划出版社，2020.

［34］浙江省住房和城乡建设厅．智慧工地评价标准：DB33/T 1258—2021［S］.

［35］中华人民共和国教育部．职业教育专业目录（2021 年）［R/OL］．（2021-03-19）［2022-11-18］．http：//www. moe. gov. cn/s78/A07/zcs _ ztzl/2017 _ zt06/17zt06 _ bznr/zhijiao/.

［36］中华人民共和国教育部．职业教育专业简介［R/OL］．（2022-09-07）［2022-11-18］．http：//www. moe. gov. cn/jyb _ xxgk/s5743/s5744/A07/202209/t20220907 _ 659058. html.

［37］中华人民共和国教育部．中国本科层次职业学校设置标准（试行）［R］.

［38］中华人民共和国教育部．本科层次职业教育专业设置管理办法（试行）［R/OL］．（2021-01-26）［2022-11-18］．http：//www. moe. gov. cn/srcsite/A07/zcs _ zhgg/202101/t20210129 _ 511682. html.